PUBLIC PRODUCE

「公共的空間」をつくる7つの事例

西田司・中村真広・石榑督和・山道拓人・千葉元生 編著

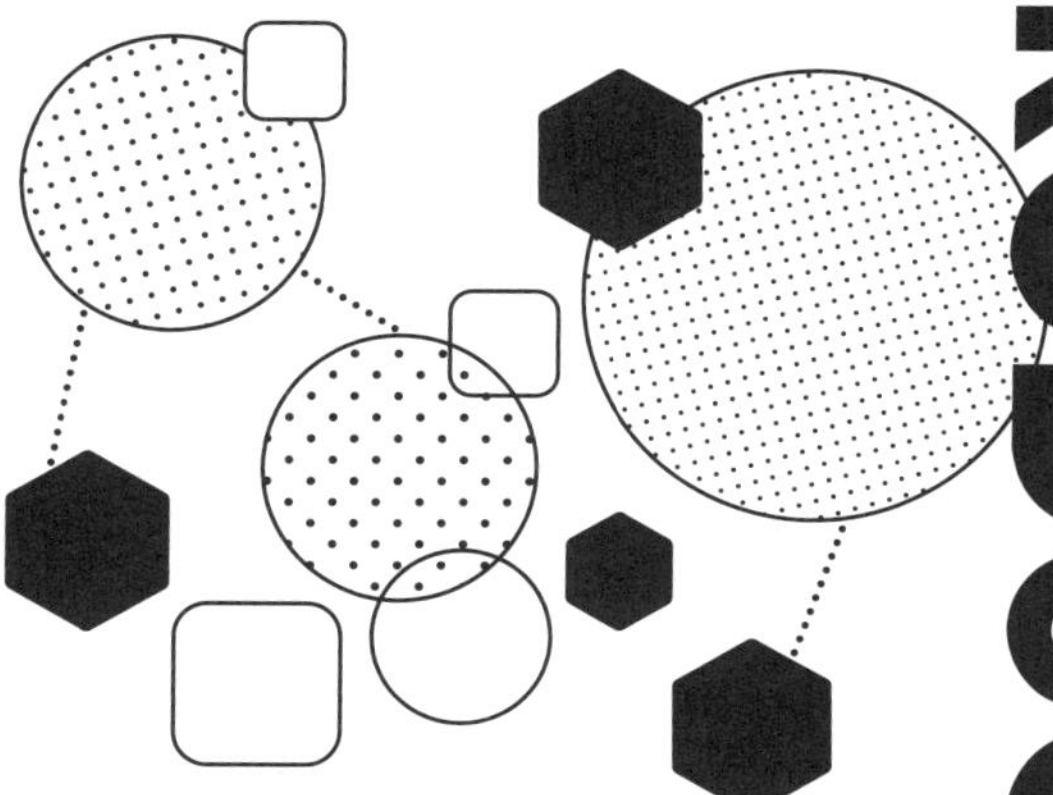

PRODUCE PUBLIC

ユウブックス

はじめに

アーキテクトとパブリックプロデューサー

西田 司

本書に携わるきっかけは、ユウブックスの矢野さんから、建築家のコミュニケーションが変わってきていることをテーマに本をつくりたいと相談を受けたことだった。

昔から建築家は、家具設計から都市計画までと幅広くスケールを横断しながら、〝建築〟という枠を広げてきた。その背景には、社会や暮らしをデザインする建築家という職能に、建築という空間モデルに収まりきらない、建築にまつわる諸々のデザイン対象物についても同時に相談がもち込まれることにある。言い方を変えると、建築家のデザインは現代社会や暮らしを映す鏡ともいえる。

ただ、現代の建築家が扱っているデザインの範疇は、スケールの大小だけに留まらない。ITやデジタルから空間までをフラットにデザイン対象としていたり、これまでクライアント側だった事業を自ら起こす役に回り、自身でリスクを取ってパン屋やカフェやゲストハウスなどを運営したり、家具や建具や屋台、ときには建築パーツなどを企画制作し、自社デザイン物件以外にも販売したりと枚挙にいとまがない。今回の協働編者であるツクルバの中村真広も自身で事業を起こし、空間をつくり、その運営とメディア発信までを一手に担っている。

このような実践を見ていると、ＩＴもカフェ運営も屋台も、もちろん建築も、デザイン対象として、どれが本来の建築家の役割なのかを括るのが、非常に難しい。そう、役割を決めているのは、自分たちではなく、社会の状況なのだ。この本では、そんな現代の建築家が扱うべきデザインの領域を探るとともに、建築家に新しい役割を与えているであろう社会の代弁者を探すことからスタートした。

面白い建築の実践を後押ししていたり、新たな空間事業として展開している事例をラインアップし眺めてみると、ビルディングタイプごとにさまざまなチャレンジが行われていることが露わになり、そこに建築をプロデュースする存在が浮き彫りになってきた。新しい建築や新しい都市の体験をつくる際には建築家の能力だけでは片手落ちで、持続する仕組みや展開力のある実践を行うためのプロデューサーが必要だ。

この本では、そのプロデューサーに焦点をあて、いかに彼らが建築家と組んで、仕組みづくりや実践を行なっているか、面白がっているかを述べてもらった。彼らは共通して、建築物を社会的な存在へと開き、そこに新しい人々の集まる環境をつくっている。本をつくりながら、次代のパブリックスペースやサービスがここにあると実感した。

ここから先、建築はもっと都市や社会に必要とされ、建築にまつわるデザイン対象も増えていくだろう。建築は誰に対しても開かれている。それは決して公共か民間かという括りではない（本書を通して民間事例でも公共的な振る舞いを起こしている場を公共空間と併せて〝公共的空間〟と括っている）。僕たちは建築の開かれた姿を、建築家とパブリックプロデューサーとのマッチアップから見出している。

本書では事例の成功談ばかりではなく、普段はあまり紹介されない、パブリックプロデューサーが多くの時間を割く地道な種まきも収録している。僕らは彼らのようなプロデューサーをリスペクトし、世の中に彼らのような職能が増えていくことを期待している。

パブリックを持続させるダイヤグラムと概念

山道拓人

本書では、国内にある〝公共的空間〟の成功事例をインタビューを通して紹介している。

その取材を通して見えてきたのは、各事例で人々がそれぞれの居場所をもち、自然と自由な振る舞いをしていること。パブリック・プロデューサーたちはその自由な振る舞いを行える場所づくりをさまざまな工夫を通して実現している。

日本において建築に関わってから実感するのは、建築基準法・消防法・都市計画法など法規ごとの想定の数々、建物種類の整理など、戦後日本から現代に掛けて、その構築には最善の努力が尽くされてきたということだ。

しかし、個別の想定に対応しつづけた日本の建築は、「建物種類」と「その空間に居てもよい人間の種類」というのを厳密に対応させ過ぎた。またその建物種類に紐づく人々の振舞いも強く定義する。とくに〝公共〟的な施設の代表格である役所や図書館、病院は、目的に対して滞りなく対応するための都市機能として進化しきったせいで、いまや誰もが自由に振舞ってよい雰囲気はほとんどない。建物だけではない。公園などにおいては、キャッチボール禁止、飲食禁止などの看板もよく見掛ける。現代の〝公共〟は、さまざまな想定やクレームに個別に対応しつづけた結果、余白がなくなり、お行儀よくしていなくてはならなくなった。

一方、本書で紹介した事例は先の通り、人々の自由な振る舞いを後押ししている。なぜ、そのような事例が、日本の各法規や縦割りの組織というハードルを超えて、実現まで辿りついたのだろうか。

それを探ろうと、本書ではそれらパブリック・プロデュースの設計図をダイヤグラムで描き起こした。ダイヤグラムは三つの図形からなり、人・組織（丸）、概念・構想（ダイヤ）、プロジェクト（六角形）とし、ターニングポイントごとにその変遷を描いている。それぞれの事例は成功しているように見えてもさまざまな想定外に対応して

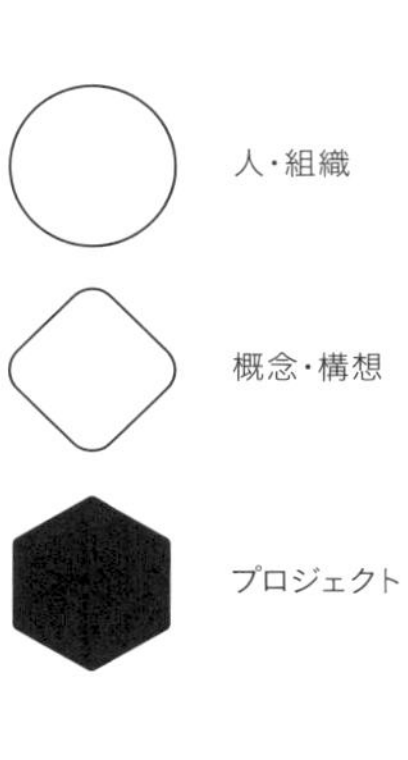

きた集積なので、この図は最初から描けるものではない。インタビューの中からエッセンスをわれわれがある程度取捨選択し、読めるように図を書き直している。ある意味リバース・エンジニアリングといえよう。

そういった作業のなかでとくに浮かび上がってきた重要な概念がある。いくつかおさらいしよう。


施設や建物種類には必ず起源がある。公共的空間の本質に迫ろうとすると、起源に遡ることになる。つまり「今やろうとしていることは、もともとはお寺でやっていたことだ」とか、そういった議論になるということだ。「佛子園のまちづくり」ではそのさまを〝ごちゃまぜ〟と呼んでいた。まさに寺、大家族、村のようなあり方であり、現在の建物種類と人々の関係を相対化するような概念である。

また、「横浜ＤｅＮＡベイスターズ『コミュニティボールパーク』化構想」で話されていた〝公益〟という概念は、個人が利益を追求しつつもそこに訪れる人々もみんなその輪に入れるような〝公共〟の次をいくエネルギッシュなコンセプトの一つである。お行儀の良さを求められる現在の公共建築とは似て非なる。個人の能動性に委ね、生業を生み、活気が持続するまち本来のあり方である。

さらに、「武蔵野プレイス」に見られたような計画初期段階の土地利用計画案が基本計画案、建設基本計画と、担当者が変わっても思想が受け継がれていくための原点としての書類群を、われわれの間では〝バイブル〟(聖書)と呼んでいた。思想や規律、方向性を共有するようなあり方である。こういった具体的なツールがあることによって担当者が変わっても空間の管理・運用のあり方が持続したり、問題があっても、容易に止めずに踏ん張ることができる。

〝ごちゃまぜ〟〝公益〟〝バイブル〟などのほかにも重要な概念はまだまだあるだろう。そしてこれからのパブリック・プロデュースは、建物をつくっておしまいではない。これら三つは場をつくり上げるまでだけではなく、完成した後も持続させるために重要な概念でもあるのだ。

目次

Chapter 1

Chapter 2

Chapter 3

公共施設をプロデュース

武蔵野市立 ひと・まち・情報 創造館 武蔵野プレイス

巻頭座談会

パブリックプロデュースのコツとは何だろうか？

山道拓人 / Takuto SANDO
ツバメアーキテクツ

中村真広 / Masahiro NAKAMURA
ツクルバ

西田 司 / Osamu NISHIDA
オンデザインパートナーズ

石榑督和 / Masakazu ISHIGURE
ツバメアーキテクツ

千葉元生 / Motoo CHIBA
ツバメアーキテクツ

本書に掲載のパブリックプロデューサーのプロジェクトについて紹介しながら、新しい公共空間をつくる際に重要な視点について議論していただきました。

「ごちゃ混ぜ」がキーワードの「佛子園のまちづくり」

――まずは本書で取り上げたパブリックプロデューサーたちのプロジェクトについて紹介していただきながら議論を進めたいと思います。

山道　佛子園の進めているプロジェクトのキーワードは、〝ごちゃまぜ〟ですが、それがソフト面で効果があるだけではなく、空間的にもとても面白い効果を生み出していました。

中村　具体的には何が〝ごちゃまぜ〟となっているのでしょうか？

「B's・行善寺」（設計：五井建築研究所、2016年）。障害者施設、老人福祉施設、児童福祉施設、そして一般の方も利用できるジムや温泉などが併設された複合施設

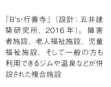

山道　まずプログラムですね。障害者施設と、老人福祉施設と、児童福祉施設が一つの建物に混ざっています。

西田　「B's・行善寺」を見学しましたが、保育園の廊下を通っていくと花屋さんにぶつかり、その先に行くとプールに出るような、かなり入り組んだ建築計画となっています。

角を曲がるとまったく別のものが現れるような、複雑な路地を歩いているような空間体験がとても面白く、こういう都市的な構成は非常に汎用性があると思いました。

中村　まちの密度が低い地方だからこそ、あえてハイブリッドな都市的な状態をつくり出すことで、いろいろな方を集め、賑わいをつくり出していくことに効果があるのかもしれませんね。

山道　確かに、地方都市で密度をどうつくるのか試行しているような印象がありました。

石榑　寺はもともとパブリックなものですが、檀家という社会的な組織があり、コモンズという性格も強い。それにジムのような施設をミックスすることで、よりパブリックに開いていっている気がします。

「B's・行善寺」内のフラワーショップ。右手に進むと保育園、奥にはジムのプール

千葉　昔からその場所にある寺だからこそ、地域の人びとが集まる拠点になりやすい土壌があったということですね。そういう意味で、「Share金沢」と比較して「B's・行善寺」は地域に自然と溶け込んでいる感じがしました。

中村　世の中のお寺がどんどん廃寺になっていくという問題もありますよね。節税対策となる宗教法人の利権を求めて、今後海外資本が日本の寺を買収することも起きてしまうかもしれません。そういう意味では、ハイブリットな用途で積極的に活用していくこの事例はとても面白いですね。

公益性をもつ「横浜DeNAベイスターズ『コミュニティボールパーク』化構想」

西田　「『コミュニティボールパーク』化構想」は、横浜DeNAベイスターズ（以下ベイスターズ）によるまちづくりで、もともとはまちに開いた居心地の良いスペースをスタジアムの周囲につくることで地域

「Share金沢」（設計：五井建築研究所、2014年）。児童福祉施設、サービス付き高齢者賃貸住宅、温泉など多機能な建物が並ぶ日本版CCRC(Continuing Care Retirement Community)。CCRCは「生涯活躍のまち」とも呼ばれる。

のファンを増やしていこうと始めたものですが、横浜が住みたいまちになっていくという波及効果が生まれたのが面白いですね。

中村　地域のスポーツチームは市民のアイデンティティの一つであり、またスタジアム自体もボリュームがあり地域の風景を代表するものですよね。ほかの地域にもこのベイスターズの試みがうまく転用できると素敵です。企業が場所を活かしてまちにコミットしていこうというのは、まさに新しいパブリックの担い手だと思います。

千葉　日本の行政的な意味での〝公共〟の考え方においては、企業の営利につながる公共空間の使われ方は否定されてしまいがちですが、この事例のように、企業が入り込むことでそこでの活動が活発化していくことは、公共空間のあり方として可能性を感じます。企業と行政との間に生まれてしまう摩擦を、空間的な視点から捉えて調整を図れることが建築家の職能の一つなのかもしれません。

西田　公共性と公益性というのは、字面は似てるけれど意味はまったく違うんですよね。公共性というのは同じ価値をまんべんなくいき渡すサービスという意味なので、受け取れない人がいてはいけない。

「横浜 DeNA ベイスターズ『コミュニティボールパーク』化構想」では、横浜スタジアムを“野球”をきっかけにコミュニケーションを育む地域のランドマークとすることを目指し、家族向けの「リビング BOX シート」や、ソファと机を設置した「パーティースカイデッキ」など、さまざまな観客席を設置している

でも公益性というのは、起こっていることが自分の利益でもあるけれど、他者の利益にもなるという考え方ですから、一企業による営利目的の活動でも、市民の生活の豊かさや、廉価な利用料で素晴らしい体験ができるなど公益性につなげていければ良いわけです。このような考え方は新しいパブリックにもなるのではと思っています。

中村　ベイスターズは旧財務省をリノベーションするなど、地域の家守的な存在にもなっているようですね。

西田　旧関東財務局（現：「THE BAYS」）のリノベーションは、ベイスターズのまちづくりにとって大きな一歩でしたね。あの場所ができたことで、それまでスタジアムから同心円状に波及が広がっていくイメージだったのが、スタジアムと「THE BAYS」、さらにどこをつなごうかと面で考えられるようになったんです。

石榑　スタジアムは20世紀の都市化にともなって建設されてきたので、市街地の中心に位置していることも多く、かつてはまちを活性化する拠点でもありました。やがて中心市街地とともに古くなり寂れていきましたが、一回りして、再度活性化を図る際の重要なポイントとなる

旧関東財務局横浜財務事務所を改修した「THE BAYS」（改修設計：オンデザイン、2017年）

可能性がありますね。

千葉　先ほどの寺の話もそうですが、地域の拠点になりうる場所を考えるときには、既存の都市構造との関係に着目することが重要ですね。そういった意味で、スタジアムは寺と同様に地域の中心的な役割を担える可能性があると思います。

西田　ドジャーズがドジャーズアクセラレーターという仕組みをつくり、スタジアム周辺にベンチャー企業を誘致してまちをつくっていますし、マツダスタジアムのオープン後は近隣の地価が上がったようです。このようにスタジアムの特殊な日常性が人を惹き付けている様子を見ると、これをうまく生活シーンに使えば、より面白い賑わいができるんじゃないかと思います。たとえば、「スタジアムで働く」という付加価値のあるスタジアム内のオフィスをつくったり、ということも考えられますよね。

三人で実現させた公共的なプロジェクト「松陰神社通り商店街」

中村　昨今の「松陰神社通り商店街」のまちづくりでは、祖父の代からまちづくりをしている人と、二〇一〇年代から引っ越してきた、設計者と後に飲食業を始める人の三人のキーパーソンがいるんです。

西田　「三軒茶屋」だとアピールしていたようなマイナーな場所で、わずか数年で「松陰神社前」というネームブランドがきちんと確立したのはすごいですよね。三人が各々取り組んだり、協力したりしてつくり上げたスポットが、雑誌やネットなどで綺麗な写真とともに紹介されることで、すごく素敵な場所だというイメージで流布されていく。これが今の情報化社会ではとても有効なんじゃないかと思っているんです。

中村　たしかに、雑誌『Hanako』などの特集ではお洒落な店舗がずらっと掲載されるから、相当お洒落なエリアだろうと期待して行くと、案外普通のごく庶民的な居酒屋や商店のほうが多くて、そのなかにポツポツと光るスポットがあって、少しイメージが違うんです。

松陰神社通り商店街風景。
懐かしさを感じさせる商店街に今ふうの洒落たショップが混じる

西田　現代は、知らないものに出会うために知らないところに出掛けるよりは、自分のなかで気になる、紐解きたい欲求を解決するためにその場所に出掛けることが多い気がします。だから、松陰神社前がわずか数年でネームブランディングできたのには、そんな世のなかの風潮も呼応しているように思います。

中村　今では地価も上がりつつあり、それに便乗しようというオーナーが古いビルを建て替えていく事象が起こりつつあるそうです。

石榑　公共空間と違い、商店街のような個人所有の不動産の集まりでは、バランスが崩れやすいという問題がありますよね。

中村　その時に、この松陰神社前で活動されている松陰会舘の佐藤芳秋さんのような昔ながらのパブリックマインドをもった地主がいるかいないかで、まちの行く末が変わってしまうように思いました。たった一人からでも、公共的なプロジェクトはつくれるかもしれない、と勇気をもらえる事例です。

まちが華やぐ契機となった「nostos books」（設計：鈴木一史、2013年）

多様な組織だからこそ、まちとつながれた「中央ラインモールプロジェクト」

中村　「中央ラインモール」はJR東日本が立ち上げ、新しく設立された(株)JR中央ラインモールが引き継いだ高架線下の空間利用プロジェクトです。地域を盛り上げることで中央線沿線の価値を引き上げることを目的としているので、まちづくり的なミッションをもっています。

山道　前に大澤実紀社長から聞いた話ですが、利益はトントンで良いという考え方で進めたのが良かったと。エキナカや駅ビルは利益を最大化することを目指すと思いますが、「中央ラインモールプロジェクト」ではどう公共性をつくるかがテーマになっている。

中村　また、JR東日本グループから多様な人を集めた組織なので、まちのいろんな人とつながることができたと聞きました。

　さらに駅業務、イベント、「nonowa」のショッピング空間のマネジメントまでのすべてをJR中央ラインモールで横断的に行っていることが、まちに馴染むのに功を奏しているのだと思います。

「中央ラインモールプロジェクト」では駅前だけでく駅間にも賑わいのエリアを広げることで沿線価値を高めることを目指す。高架下空間に子育て支援施設やクリニックモール、インキュベーションオフィスやカフェ、広場などが配置されている

山道　インフラをどんどんとつくる時代が過ぎて、今は鉄道高架下のようなインフラの副産物を使いこなす時期なのでしょうね。余白のような空間を自由に使って展開するという手法は、先ほどの横浜スタジアムの周辺を利用するのとも通じる、デベロッパーや建築家にとっては新しい視点だなと思いました。

西田　新しい視点というと、一時代前の建築家がスタジアムをつくろうと考えた場合、野球の見せ方や、シンボル性を考えたと思うんです。駅に付随した施設でも、その建築の良さを中心に考えただろうと思うのですが、それよりも一歩下がって、生活の楽しさや日常性から建築を使うという視点で考えられているのが非常に面白いなと思いました。

地域の人のステージとなる「南池袋公園」

西田　「南池袋公園」は、地元の地域住民が参加する「南池袋公園をよくする会」を立ち上げたのが成功のキーなんですね。公園自体が地域の人たちのステージで、使う人たちの輪がここから広がっていくと

JR東日本グループと武蔵野市が連携して整備した「武蔵野ぽっぽ公園」。鉄道をテーマにしている

いう面白さがありました。
　また、この公園は真ん中の芝生がとても効いています。この芝生を期間限定で開放するという手法を取り込んだことで、芝に入れるときにちょっとした非日常感も味わえ、これがいい意味で公園の使い方を広げている気がします。

中村　「南池袋公園」で先日、公園の管理の委託を受けているnestのプロデュースで知人が結婚式を挙げたんです。日曜日の昼下がり、遊びに来ている人がみんな芝生で寝転がってゴロゴロしているのを見て、その場所が自由な振る舞いを許容するとわかれば、意外と日本人も屋外空間を楽しめるんだなと思いました。それにはデザインの力が大きくものをいうのかもしれません。

山道　この公園のように、人が集まり成功することで、日本の公園自体の概念が変わってきている感じがいいですね。

西田　町田誠さんのインタビューによると、明治初頭からつくられ始めた公園は、もともとほとんど規制もなく自由に使われていましたが、戦後になると行政ごとに自ら禁止事項を増やしていったそうです。公

人で賑わう「南池袋公園」（総合プロデュース、ランドスケープデザイン：ランドスケープ・プラス、2016年）。マーケットなども頻繁に開催される

園を再び、生活者や民間企業も自由に活用できる場所に変えていこうとする国土交通省の取り組みについてお聞きしました。

一つの団体が管理を行うことで、コンセプトが徹底された「武蔵野市立 ひと・まち・情報 創造館 武蔵野プレイス」

石榑　「武蔵野市立 ひと・まち・情報 創造館 武蔵野プレイス」は、一つの指定管理者が全体を管理しています。そこには設立から関わったメンバーも在籍しているため、基本計画からのコンセプトが徹底されている。この運営体制が成功のポイントです。この運営体制自体も計画段階から構想されており、行政的な縦割りが〝ごちゃまぜ〟になって動いたことが革新的な施設を生み出したのだと思います。

山道　管理する主体が一つなので、青少年部門と図書部門など別の機能同士のイベントもスピーディに実現できるんですね。部門が連携しているだけでなく、実際の空間も、別々の機能を担う部屋がすべて吹き抜けや壁の穴のような開口によってつながっているのが面白い。

「ひと・まち・情報創造館 武蔵野プレイス」（設計：川原田康子＋比嘉武彦／kw+hg architects、2011 年）

西田　建物の機能としてはすごく斬新な「図書館」だと思うのですが、つくる段階では「図書館」だと言わずに、「場」の組み合わせであると考えていった。その当てはめ方がじつに秀逸だと思いました。

山道　土地の取得に中心市街地活性化法の枠組みを使ったこともあり、どういう空間が地域にとって必要なのかという議論が重なってつくられた施設だからこそ、市長の交代や、担当者の異動などがあっても、ブレていかないんですよね。こういう思想がある公共施設も珍しいと思います。

中村　なぜそのような軸を通し切れたのでしょうね。

石榑　担当した武蔵野市の行政の方々のレベルが異常に高かったこともあると思います。プロポーザルに出す前の基本計画などの設計が非常に良くできていて、「武蔵野プレイス」はそのときのコンセプトがそのまま実現しているようなものです。また、先ほどのJR中央ラインモールが作成したガイドブックのように、文章にまとめられた基本計画案が、新しい担当者も読めば理解できるように、よくまとめられていたというのもたいへん有効だったのだと思います。

外部に面した吹き抜けから光が落ちる地下１階の「メインライブラリー」。館内には賑やかさや目的の異なるさまざまな性格の空間が、壁に開けられた穴状の開口を通しゆったりとつながる

山道　中央ラインモールや横浜スタジアムの議論では、既にあるものの副産物に価値を発見するというプロセスから新しい公共空間をつくるという話がありましたが、ここでも図書館という既にあるものを見つめ直し、新たに価値を発見するというプロセス、つまり建設する際のスタート地点を変えることが大事なんだと、勉強になりました。

パブリックデュースのコツとは何か

——今までの議論を通して、公共空間をつくるうえで重要だと思ったことは何でしたか？

石榑　そうですね、僕は佛子園のまちづくりのキーワードの〝ごちゃまぜ〟が重要だと思いました。〝ごちゃまぜ〟の様相をもたせつつ、一貫したビジョンをもってデザインすることが大事なのかなと。

中村　僕も〝ごちゃまぜ〟というキーワードが気になりました。このキーワードで見直してみると佛子園のプロジェクト以外でも、たとえば

「中央ラインモールプロジェクト」での駅もただ乗り降りできる場所ではなく、まちのハブになっていたり。「武蔵野プレイス」でも図書館が本を貸すだけじゃなく、いろんなアクティビティに合わせて本を紹介し直したり。多義的な場所となっている。パブリックな場所づくりにはいろんな主体が関わるので、彼らと共創しようと思うと一義的ではない、多義的な場所づくりを志向することになる。ゆえに、そのような場をつくり運営していくチームにも、多義的なものを編集できるようなプロデューサーがいたり、多様性のあるメンバーの存在が必要なのだと感じました。

山道　確かにそのような新しいプログラムはまだ資料集成にも載っていないし、学校でも習わないようなことですよね。ですから、計画を再解釈する能力がパブリックプロデュースには必要なんだと思います。

中村　それはＵＸデザインのような、ユーザー視点で体験の全体像を考えることにも近いものかもしれませんね。

千葉　〝ごちゃまぜ〟を考えたときに重要なのは、既存の制度をどう乗り越えるかということです。ここでの制度は行政的な制度だけではなく、会社組織のなかでの制度や商店会のルールなども含みますが、今の制度はマネージメントの観点から管理しやすいように物事を分断し、〝ごちゃまぜ〟を防ぐ方向でつくられていることが多いと思います。それによってさまざまな活動の機会が奪われてしまっている側面があるとすると、こうした制度を乗り越えて活動を活発化させることがパブリックプロデュースなのではないでしょうか。また、既存の都市のなかで新しい活動を生み出す場所を発見できる能力もとても重要だと感じました。

中村　制度やルールの盲点になっている場所を発見すること、無価値だと思われていたものを裏返して価値を見出すこと。これらは新しいパブリックを生みだすヒントかもしれません。

山道　働く、遊ぶ、暮らすといったものが相対化され、遊ぶように働く人もいるし、いろいろなライフスタイルが生まれている。住居地域や商業地域など用途地域や法規の制度で区分けされた場所に縛られずに自由に生きている人が増えてきているから、それに対して余白の場所を利用し、いったん対応しているように感じます。

中村　住宅でも「寝室」だから寝る、というわけではなく、陽だまりのソファでも昼寝しますからね。場所と振る舞いの関係は都市スケールでも同じですね。

石榑　都市計画によるゾーニングというのは機能ごとにエリアを分けていくものですが、良い関係性を生む〝ごちゃまぜ〟をつくっていく方法であるといえそうです。

本書で出てくる人たちは、地域の大規模土地所有者などで、個人の利益を最大化することもできるはずですが、そうではなくて、むしろ自分たちの不動産を他者へ開いていくように振る舞っています。

――パブリックデュースをするにあたって、見えてきた共通のコツはなんだと思われますか？

千葉　先ほどの既存の制度をどう乗り越えるかという観点からすると、乗り越える為の体制づくりは一つ重要なポイントだと思います。「武蔵野プレイス」の事例はそうした意味での好例だと思いました。

西田　スタートアップの体制づくりにとどまらず、組織の内部が変化するタイムスパンも想定した体制づくりも大切ですよね。

山道　それらに加えて、本書に出てくるどの事例も空間的に迫力があり、それぞれの体制や事業の面白さが空間に投影されているものですよね。パブリックプロデュースに必要な視点として、もともとの空間の特性を見抜く力も必要だと思いました。

千葉　それは使い手側からの実践的な目線をもつことなのかもしれませんね。

中村　確かに、タクティカルアーバニズムのような使い手目線からのアプローチが都市を変え始めていますが、逆にいうと計画する立場の人も使い手目線をもって計画をしている。現在はそのせめぎ合いの状態で都市が更新されているように思います。

人々のための場づくりをするときに、仕掛ける側もその〝人々〟の一員になっていなきゃいけないんだと思うんですね。今までは、仕掛ける側が、利益など単一の目的を求めた一企業であって、〝人々〟ではなかった。先ほどと重複しますが、一人だけれどもいろんな職能をもっているプロデューサーがそれを担うなり、多様な人をミックスして組織をつくるなり、仕掛ける側が〝人々〟になる必要があるんじゃないかと思いました。

山道　〝使い手〟というとすごく素人的だし、〝計画者〟は専門家的な感じを受けます。専門化され過ぎて見えなくなった部分が、素人感をもつことで見えるようになる。たとえばここで寝れるんじゃないかとか、ご飯食べていいよねとか。そのフィードバックを常にし続け、展開していくことが大事なのかもしれません。

西田　確かに計画者がオーナーのこともあるので、計画者とプロジェクトが一体化しているのかもしれません。総じて資本主義の論理だけで動いているのと異なって、生じた金銭的な利益を独り占めするのではなく、社会に還元させることで、ちょっと先の未来により有意義な社会的な価値を受け取ることができる、という思想のように思います。そのような、文化人や教育者のようなマインドをもつ人がパブリックプロデュースを行っていることが非常に現代的でいいなと思いました。

Chapter 1

地域をプロデュース

1 佛子園のまちづくり

2 横浜DeNAベイスターズ
「コミュニティボールパーク」化構想

3 松陰神社通り商店街

4 中央ラインモールプロジェクト

佛子園のまちづくり

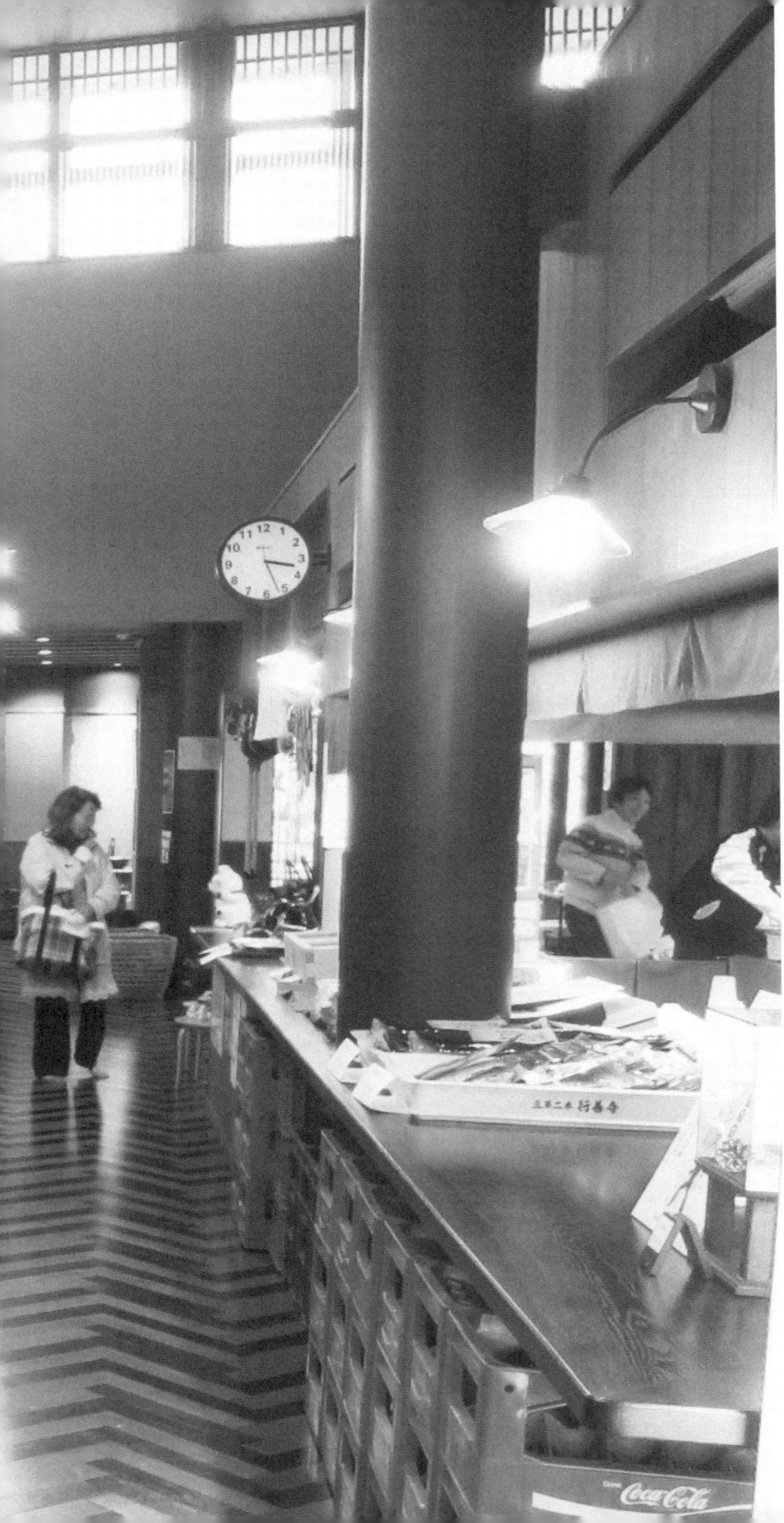

佛子園のまちづくり

異分野が集まった達人チーム「オーシャンズ」が挑む〝ごちゃまぜ〟の建築やまちづくり

雄谷良成／社会福祉法人 佛子園 理事長

聞き手 山道拓人・千葉元生・西田 司

雄谷良成 / Ryosei OOYA

1961年石川県生まれ。金沢大学卒業後、青年海外協力隊（ドミニカ共和国 障害福祉指導者育成）、（財）フンダシオン・オーサカ（ドミニカ共和国 医療過疎地病院建設）センター長、（株）北國新聞社、金城大学非常勤講師等を経て、現在、（社福）佛子園理事長、普香山蓮昌寺（ふこうざんれんじょうじ）住職、（公社）青年海外協力協会理事長、（一社）生涯活躍のまち推進協議会会長、日本知的障害者福祉協会 社会福祉法人の経営に関する特別委員会委員、金沢大学非常勤講師等を務める。

社会福祉法人 佛子園 理事長、公益社団法人 青年海外協力協会 理事長、日蓮宗 普香山 蓮昌寺 住職などいくつもの顔をもつ雄谷良成氏。佛子園は〝高齢〟〝障害〟〝児童〟の領域でさまざまな社会福祉事業を行い、近年ではまちづくりにも取り組みを広げている。そこでのキーワード、あらゆる世代の人が障害の有無や出自に関わらず、一緒に楽しく暮らせる〝ごちゃまぜ〟の建築やまちづくりについて尋ねた。

いろんな人と一緒に暮らした経験が〝ごちゃまぜ〟の環境を生み出した

西田　佛子園の福祉事業に共通のキーワード〝ごちゃまぜ〟がどのように発想されたものなのか、教えていただけたらと思います。

雄谷　〝ごちゃまぜ〟とは、あらゆる世代の方が、病気や障害の有無、出自などを超え、みんなで楽しく暮らせる状態のことを指しているんですが、逆に〝ごちゃまぜ〟にすることでみんなが元気にもなるんです。

そもそも佛子園は日蓮宗行善寺の住職だった祖父が戦災孤児を預

「B's・行善寺」会議室で行われたインタビュー風景。右から雄谷氏、西田氏、千葉氏、山道氏

佛子園のまちづくり

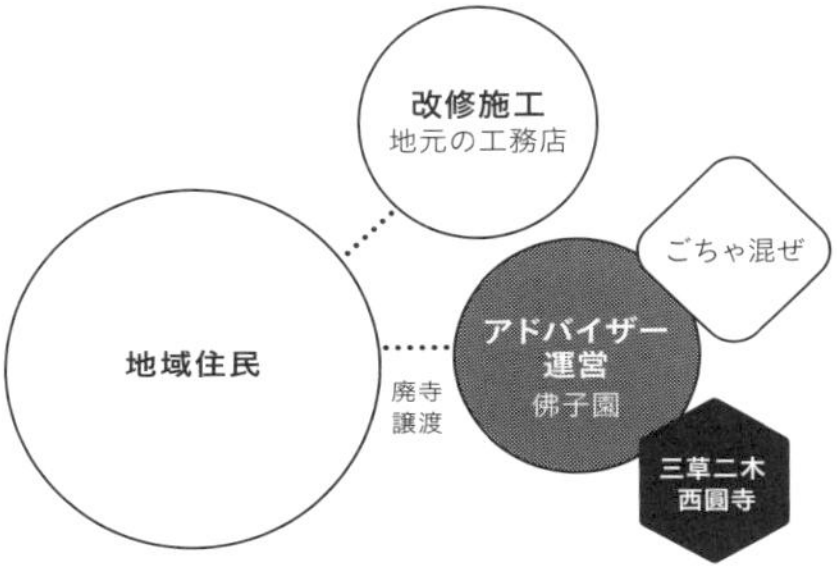

2008

西圓寺の住職が亡くなり、障害者や高齢者など誰でも使える場所とすることを条件に寺の譲渡を受け、社会福祉施設「三草二木 西圓寺」にするため財団や県や市に助成金を申請。地域住民と活用方法を考えた。

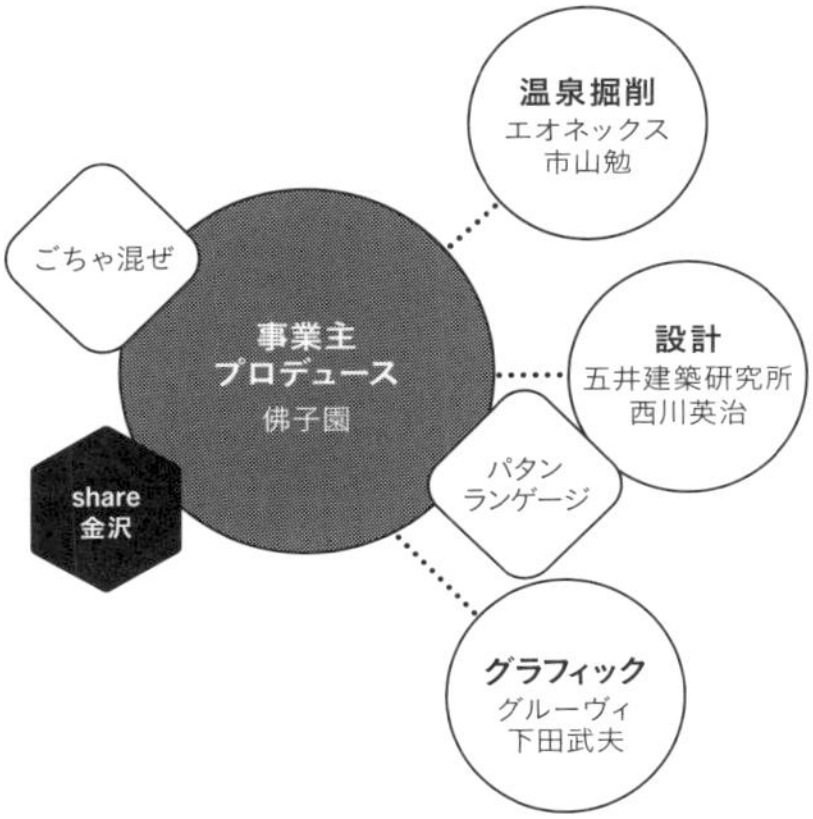

2014

「三草二木 西圓寺」で見えて来た"ごちゃまぜ"のコンセプトを新設の施設「share 金沢」で実現する。パタンランゲージの手法をチームで共有しながら設計を進めた。

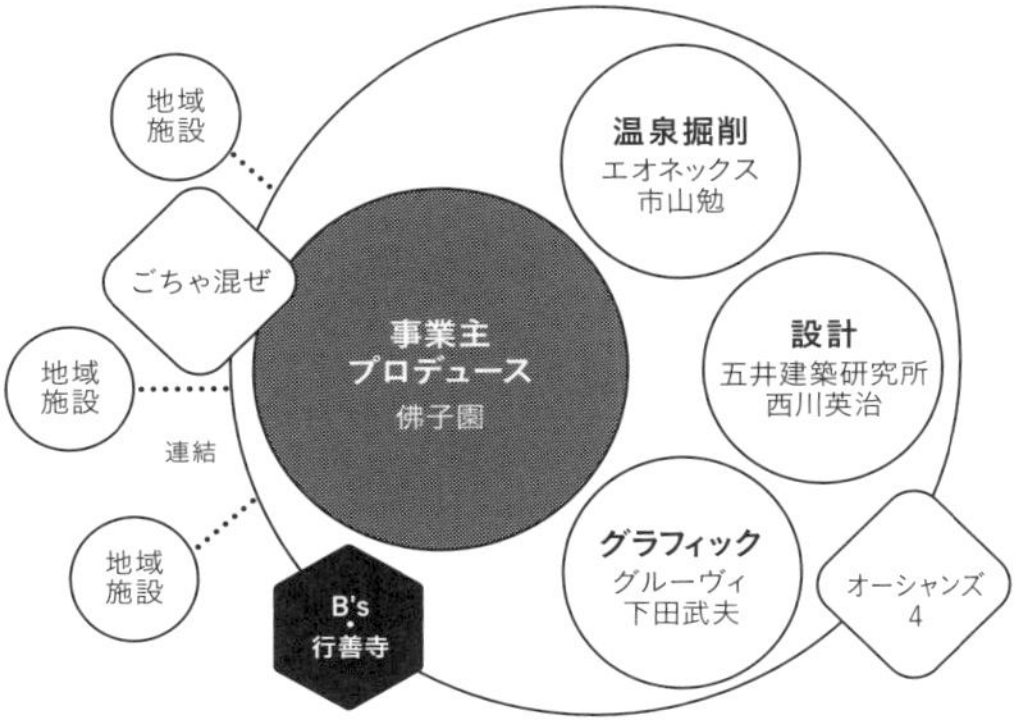

2016

さらに"ごちゃまぜ"がまちへと広がるような再開発事業「B's・行善寺」を実現。施設づくりのためのチームビルディングができ、コラボレーションメンバーは通称「オーシャンズ」を名乗る。

かったのが始まりで、一九六〇年に知的障害児の入所施設である社会福祉法人 佛子園として開設しました。ですから僕は生まれたときから佛子園の障害児たちと一緒に暮らしてきました。振り返ると、それが最初の〝ごちゃまぜ〟の経験ですね。

次は一九八六年、僕が二五歳の頃、青年海外協力隊で行った中米のカリブ海にある島国、ドミニカ共和国でも〝ごちゃまぜ〟を体験しました。

当初、ドミニカ共和国は社会保障がたいへん低く、障害者や認知症の方も施設に入らず、普通にまちで暮らしていました。その皆が支え合って、そして幸福に生きている姿に強い影響を受けたのです。

千葉　ドミニカ共和国では、どのような活動に従事されたのでしょうか?

雄谷　僕は障害者福祉の指導者育成のために赴任しました。しかし訪れた学校が基本的なインフラもない状態だったので、まずは電気や水道を引く金を稼ぐところから始めようと、鶏を飼い始めました。ほかの地域の協力隊員の力を借りながら、鶏肉や、鳥糞を畑に撒いて穫れた野菜、山で木を刈って加工しつくった家具を売るようになって、ライフラインが確保できてから、初めて指導者育成の仕事に着手できたんです。

西田　見知らぬ土地で養鶏などを成立させることができたのはすごいですね。

雄谷　僕が育った施設は貧しかったので、子どもの頃から自給自足の生活をしていたから、実体験をそのままやっただけなんですよ。朝飯の味噌汁に入れるネギを、毎朝使う分だけ抜いたりね。

僕は小学三、四年の頃まではずっと施設で障害児と一緒に、いろんな大人に育てられてきましたから、ドミニカ共和国でのみんなと共同での自給自足的生活も大したことなかった。

だから自然に障害のある方にも養鶏の仕事を手伝ってもらってい て、気づいたら指導者育成とビジネスが兼ねられていました。たとえば、バリアフリーでもない場所でどうやって鶏の世話をしてもらえるのか、考えることが訓練になるのですね。

でもそうやって成功するとみんなが「優秀な日本人」に頼るようになってしまって、帰国したあとに自立できなくなってしまいます。いかに住民に中心になって回してもらうかが重要で、青年海外協力隊で用いられているＰＣＭ(Project Cycle Management)の根底にある考え方でもあるんですね。

西田　ドミニカにはどれくらい、いらっしゃったんですか？

雄谷　計四年間です。二年半は協力隊員として赴任していたのですが、その後はヘッドハントされてとある財団法人の責任者となり、医療過疎地に病院を立ち上げていました。マイアミに行って中古ベッドなど必要なものを揃え、青年海外協力隊の看護婦やレントゲン医師を送り込んだりして、病院をつくりました。

西田　海外青年協力隊から帰国後、北國新聞社に入社されました。どうして新聞社を選ばれたのでしょうか？

雄谷　ドミニカ共和国でももっと地域の方を応援したかったのにできずに辛い思いをして、経済や政治など社会の仕組みを知っておかないと、実現できないことが山のようにあると学んだのです。

雄谷　二六歳で新聞社に入社してからは、協力隊の経験を活かし、メセナや能登半島をサイクリングで一周するイベント「ツール・ド・のと」の企画などまちおこしの仕事にも携わりました。これらの仕事を通して市町村の行政長と関わることができ、地方行政の仕組みなども学べ、その後の佛子園での事業にもたいへん役に立ちました。

その頃、佛子園は児童福祉施設のみを運営していたので、その卒園者が社会で虐待に遭い、帰ることになっても受け入れる居場所がありませんでした。もともといつかは戻るつもりだったので、その居場所づくりの事業を立ち上げるために、佛子園に戻ることにしました。

そこで障害者や高齢者が地域に住むためのグループホームや就労施設、デイサービスなどの事業を立ち上げていきました。現在、佛子園が関わった事業の拠点は一三ケ所に上ります。これらが最終的に〝ごちゃまぜ〟のまちづくりに進化していったのです。

地域のいろいろな人と関わり合えることが居心地の良さにつながる

西田　初めて〝ごちゃまぜ〟のメリットを生かした施設は何ですか？

雄谷　廃寺を温泉付きのコミュニティスペースにした「三草二木 西圓寺」

ですが、これは意図せずに〝ごちゃまぜ〟になっていったものです。

この施設には障害者も高齢者も元気な方もいらっしゃるのですが、首から下が麻痺になった重度心身障害の男性と、認知症のおばあちゃんが交わることで、両者がとても元気になったことがありました。

男性は車椅子に乗っていて、手も自由に動かせず、首の可動域が三五度しかありませんでした。認知症のおばあちゃんがゼリーを食べさせてあげようとしたのですが、ゼリーがうまく口に入らず、失敗して男性の胸のあたりにこぼれてしまったんです。それを毎日繰り返しているうちに、彼がこぼさずに食べようと頑張って、二週間くらいで首の可動域がかなり広がり、うまく口に入れられるようになりました。

おばあちゃんのほうも、男性にゼリーを上げるために毎日朝早く起きて「三草二木　西圓寺」に出かけるようになったので、夜もしっかり寝るようになり、深夜徘徊も減ったそうです。

自分たち福祉のプロがいくらやっても男性の首の可動域は広がらなかったし、おばあちゃんの深夜徘徊も直らなかったのに、当事者のコミュニケーションだけで問題が改善した。こんなことが山のようにあり、自分を認められたり、いろんな人からさまざまな情報を得られることが、元気を生み出すのだと気づきました。

西田　「三草二木 西圓寺」には最初、雄谷さんはどんな立ち位置で参加されたのでしょうか？

雄谷　西圓寺の住職が亡くなり、寺の行方を地域住民で決めているとき、檀家の相談に乗っていた知人の住職からアドバイスを依頼されました。僕がいろんな事業をやっているし、住職でもあるしで、融通が効きそうだからと話をもって来られたんだと思います。

　地元の方に話を聞いてみると、年配の方を中心に「自分の代でこの寺を潰したら先祖に合わす顔がない」とおっしゃられるので、次の住職が見つかるまでみんなで掃除することにしました。一年くらい経ったところで、檀家さんもよその寺に移り、住職も見つからないため、みんなの集まれる場所にして残すことになったのです。

　その面倒も見てほしいと頼まれたので、障害者や高齢者などどんな方がいらしても使える場所とすることを条件にお寺の譲渡を受け、社会福祉施設にするため財団や県や市に助成金を申請しました。

「三草二木 西圓寺」

その地域の五五世帯の方と相談してイメージをつくり始めたら、食事や酒が飲めたり、風呂があったら嬉しい、タバコなどのちょっとしたものを買えたり会議もしたいといろんな意見が出てきた。もともとの建物を活かしたリノベーションのアイデアを僕がフリーハンドで図面を引いて、グループワークのようなかたちでまとめていったんです。

西田　そのイメージづくりのときに、すでに雄谷さんのなかではハイブリッドな〝ごちゃまぜ〟な感じがイメージできていたんでしょうか？

雄谷　そういう意識はありませんでした。地元の方の思いを叶えていったら、自然にハイブリッドになっていったのです。また掃除には佛子園の障害者も一緒に来てすっかり溶け込んでいましたので、障害者の就労継続支援の施設にすることも問題ありませんでした。

　現在では、高齢者デイサービス、生活介護、障害者の就労継続支援などのサービスが利用できる社会福祉施設でありながら、地域住民は無料で利用できる温泉や、昼はカフェ、夜は居酒屋になる飲食スペースも併設したコミュニティセンターとなっています。

西田　「三草二木　西圓寺」のような〝ごちゃまぜ〟の施設は事前にはな

かったわけですから、何もわからないところからつくれたのが不思議に思います。

雄谷　青年海外協力隊で赴任したドミニカ共和国で、学校や病院を一からつくり上げていった経験が活きているんでしょうね。またできるだけ地元の方に主体的に動いていただくＰＣＭの方法も応用しているので、結果として皆さんに愛される施設になったのだと思います。

この集落では、二〇〇八年の完成時点から二〇一七年までの九年間で五五世帯から七六世帯までと二一世帯増えたんですよ。この辺りはコンビニすらなく、自動車がないと生活できないような不便なところなのですが、進学や就職で出て行った若い人が戻って来たり、ある程度便利なところに引っ越されていた人が戻って来ました。そのうちに、ほかの地域から「三草二木 西圓寺」の温泉に遊びに来た人が、居心地がいいと住み始めたんです。

どこが居心地がいいのかヒアリングしてみたら、障害者や認知症の方を始め、子どもや一人暮らしの高齢者などいろんな方がいるから、最初はびっくりしたけれど、そこが気を使わずに済んで何だか居心地

「三草二木 西圓寺」。本堂の左余間を厨房に、外陣を食堂に転用

がいいと言われるんですね。
そこで僕らは、いろんな人が〝ごちゃまぜ〟にいる地域での人との関わり合いがいろんな人にとってメリットがあること、さらにそれが若者の定着やまちを活気づける大きな力になるんじゃないかと思い始めました。そこで、そういう場所をつくろうと、次に「Share 金沢」のまちづくりに挑戦したのです。

ようやく見つけた〝ごちゃまぜ〟建築設計のパートナー

西田　「三草二木 西圓寺」の次に取り組まれた「Share 金沢」は一万一千坪ととても広大な敷地につくられたまちですが、どのような考え方でつくり上げていったのでしょうか。

雄谷　「三草二木 西圓寺」は施設に特化した日本版CCRC（Continuing Care Retirement Community：継続介護付きリタイアメント・コミュニティ）だと考えていますが、「Share 金沢」はCCRCをまち全体に広げたものです。やはりPCM手法を活用して、住民参加で行ってます。

その頃、行善寺には老朽化した児童入所施設があり、それを新設することにしたのですが、今までのような閉鎖的なものではなく、ご近所やいろんな方と関われるような施設にしたかった。西圓寺の〝ごちゃまぜ〟の成果も見えてきていたから、子どもたちだけじゃなく、ほかの人たちの施設も混ぜた環境を人工的につくってみようとしたのです。

土地を探したところ、たまたま国立若松病院の跡地に巡り合ったのですが、ただ一万一千坪ですから、そのスペースをどう使うのか、その設計にはかなり戦略的に取り組みましたよ。設計を担当していただいた(株)五井建築研究所の西川英治さんには面倒をお掛けしたと思います。

千葉　実際にどのようなやり取りがあったのでしょうか?

雄谷　西川さんには、初めに「三草二木 西圓寺」を見てもらい、打ち合わせを始めました。僕は建築が好きでクリストファー・アレグザンダーの「パタン・ランゲージ」の思想にも感銘を受けていましたから、それを援用したいと思っていたんです。

佛子園のスタッフに全員『パタン・ランゲージ[1]』の本を渡し、「Share

Share 金沢(設計:五井建築研究所、2014年)。児童福祉施設、サービス付き高齢者賃貸住宅、温浴施設、学童保育、売店など25棟の多機能な建物がランダムに並ぶ

金沢」に欲しいもの全部にマーキングをしてもらい、それをみんなで話し合って、ある程度の共通認識を得てから西川さんら五井建築研究所との打ち合わせに臨みました。

打ち合わせでは、水や風を感じられる場所、神聖な場所、ちょっとした広い場所、蛇行した道や工房などのいろんな場所をつくりたいとリクエストしたり、一人の設計士だけでなく、いろんな人が設計してそれが融合していくべきじゃないかという話までしました。僕たちも悪いですよね、西川さんたちが戸惑うだろうことをわかって、ニヤニヤして話を振っているんですからね。

こんな感じのやりとりで西川さんたちも勝手が違っておかしいとなってきたところ、ある日『パタン・ランゲージ』を手に持って「すみません、じつはみんなでこれを勉強していました。この本のなかにある、われわれがまちづくりで大切だと思っていることを提供いただければ嬉しいです」と伝えました。そこで、ああそうだったのかとすぐに理解していただき、その後は西川さんたちも面白がって、全社を挙げて熱心に取り組んでくださった。計40ものプランを出してくれた

[1]『パタン・ランゲージ』
『パタン・ランゲージ―環境設計の手引』(クリストファー・アレグザンダー著、平田翰那訳、鹿島出版会、1984年)。人々が心地よくなる環境が分析され、ヒューマンスケールが重視された253のパターンが挙げられている。

ほどです。

山道　なるほど、素晴らしいです。おっしゃられるように、かなり意図的に意識共有のための工夫をされたのですね。なぜそこまで意識して取り組まれたのでしょうか？

雄谷　僕らは福祉というのは日常のなかにあるべきで、高齢者や障害者のための空間が、普通に人が関わり合いながら暮らせない場所ではまずいと考えています。建築家が自分の作品づくりのためにつくった場所には、警戒してしまうものが多いと思います。

山道　いろいろな失敗の経験もされたということでしょうか？

雄谷　そうですね、僕は三四歳で佛子園に戻って来てから、いろんな施設を立ち上げてきました。

最初に重度障害者のための支援施設「星が岡牧場」をつくりましたが、依頼した設計事務所は思い込みが強すぎて取り付く島もなく、思いをキャッチボールすることがまったくできなかったんです。

僕たちにも施設建築についての知識が足りなかったので、設計事務所が出してくる雛形をもとに考えましたが、足りないものを追加した

右：雄谷氏所蔵の『パタン・ランゲージ―環境設計の手引』。付箋やマーキングから読み込まれていることがわかる
左：「Share 金沢」の一角に置かれた水盤。水を感じる場所

り変更したりはできても、そのプロセスだと従来通りのものにしかならないんですね。

　隔離されてしまうものではなく、僕が暮らしてきたような〝ごちゃまぜ〟で住めるようなものを欲していたのですが、まったくそれに辿り着かないんです。この設計事務所はとても規模の大きなところだったんですが、なんでこんなに頭が固いんだろう、大きな設計事務所は客を大事にしないのかと不審に思いました。

　その次に、一九九八年に障害のある方たちが安心して働ける場所として「日本海倶楽部」を設立しました。地ビール工房やレストラン、牧場などからなる、新しいリゾートエリアとして開発しています。

　本館は大手設計事務所にレストランや工房、ケア付き住宅は地元の小さな工務店に依頼したのですが、大手よりも工務店に依頼した建物群のほうが、ずっと魅力的だったんです。だから設計側に言われたことを鵜呑みにするのではなく、きちんとやりたいことを主張したほうがずっと面白いものができると思いました。

　そのあとつくった「エイブルベランダBe」という子どものためのデ

「Share 金沢」の料理教室が開かれる工房

イサービス施設では銀行を改築したり、「キッズベランダBe」という児童発達支援事業所は川沿いにログでつくったり。もう頭の固い設計事務所とは組みたくないと思っていましたから、地元の工務店に依頼して、われわれのアイデアを実現してもらいました。

「三草二木 西圓寺」ではやはり地元の工務店に依頼したのですが、「Share 金沢」は規模が大きいので、大手の設計事務所に頼む必要がありました。その頃出会ったのが五井建築研究所の西川さんだったのですが、以前の痛い経験があったので、自分たちの思いを伝えるのにいろいろと苦心したわけです。ただ最終的には非常によく理解し、また行政上のいろんなハードルも超えてかたちにしてくれました。

千葉　「Share 金沢」では設計上でどんな苦労があったのでしょうか？

雄谷　この施設でも障害者福祉の交付金をもらっていますから、その許認可を得るのに、いろいろな場面でストップが掛かりました。たとえば交付金で設計する範囲を明確にするために、本館に障害者用と高齢者用と廊下が二本必要だと言われました。それは人権侵害でおかしいだろうと反論しましたが。結局、僕は厚生労働省の運営する専門委員会に参加したこともあり伝手があったので、厚労省と直接交渉したこともあります。

最近では、厚労省は一つの廊下でも良いという解釈が可能だと言い出しましたけどね。ここではそんな煩わしいやりとりを一からやっていました。

西田　本館では敷地内通路を取ることで、用途的にはきちんと分割できていますから、すごくいいところを突いているなと思いました。次の「三草二木 行善寺」では完全なハイブリッドへと進化させていますね。

雄谷　「Share 金沢」の本館では、税金上浴場を公衆用にしないといけなかったので、その入り口を福祉施設と離すなど行政のハードルを越えられなかった部分もまだありました。本当は行善寺のように、温泉から出てきてすぐのところに食事処があったら、もっと賑わいのある、ビールでも一杯飲んで行こうかという雰囲気が出せたんですけどね。

西田　「三草二木 行善寺」ではどうやって白山市と折衝したのですか？

雄谷　行政の出方がもうわかってましたからね。「三草二木 西圓寺」

という例があるのになぜできないんだと、事前に虎視眈々と判例を準備していたから可能になったんです。

設計者にも空間のイメージを正直に伝えることが大切

西田　「B's・行善寺」を中心とした「佛子園本部周辺プロジェクト」についても教えていただけますか？

雄谷　「Share 金沢」は一からつくり上げたまちですが、資金的にも条件的にもそんなプロジェクトはそうそうできません。「佛子園本部周辺プロジェクト」はすでにあるまちに障害者や高齢者、子ども向けのいろいろな施設を点在させて、いろんな人が一緒に暮らせるまちを目指した再開発事業です。白山市、金城大学と連携した文科省地方創生推進事業でもあって、CCRCを地域に広げたものと考えています。

西田　ここではどのようにプロジェクトを進めていったのですか？

雄谷　このPCMでは地域、福祉、医療、情報分野の四つの部会を組織し、QOL（quality of life）項目を改善していくことを目指しました。

「Share 金沢」の本館。高齢者デイサービス施設や生活介護施設の談話空間が、温泉・レストランを利用する一般客の動線上に配置されている

また①地域住民などの関係者分析、②問題分析、③目的分析、④プロジェクトの選択、⑤ＰＤＭ（project design matrix）の作成、⑥活動計画表の作成というステップを踏みプロジェクトを進めました。

地域の中心となっているのが「B's」と「三草二木 行善寺」が一体となった施設で、「B's」は佛子園のオフィスのほか、児童発達支援施設、高齢者への配食サービス、グループホーム、クリニックや保育園、スポーツジムが一体になっています。隣接して、温泉や食事処のある施設、「三草二木 行善寺」があります。

西田　「三草二木 行善寺」のやぶそばで地元の元気な方と、生活保護を受けている方と、知的障害の方と、認知症の方がカウンターで一緒に飲んでいる雰囲気、とても良いですね。

雄谷　面白いですよ。皆さん、一八時半過ぎにあそこで飲んだら最高ですよ。「三草二木 行善寺」は「ゆらん」という温泉ファンが選ぶランキングの「富山・石川・福井エリア別ランキング 二〇一六－二〇一七年」で接客部門一位、施設部門四位を受賞しました。

ここではスタッフにも対人恐怖症だとか、自閉症などいろんな方が

右：行善寺山門より見る。正面に本堂、右手に「三草二木 行善寺」施設
右：「三草二木 行善寺」（設計：五井建築研究所、2016年9月）。右手に「行善寺温泉」、左手は「行善寺 やぶそば」の売店

いるのですが、お客さんはスタッフが困っていたら助けてくれるから、誰がお客かスタッフか、一見してもわからないくらいなんですよ。ですから接客ランキング第一位をいただいて、嬉しかったですけど、僕たち〝接客〟してないよね、ってみんなで笑っちゃいました。「ゆらん」で選んでくれた温泉ファンも障害のある方が働いていることを知らずに遊びに来ているんですが、この和やかな感じがすごくいいと思ってくれているんです。

西田　福祉施設に対して雄谷さんがもともともっているイメージを、プロジェクトごとに一つずつ実現させているように思えるのですが、そのために大切にされていることは何でしょうか？

雄谷　設計者に対して、設計のプロなんだからなどと遠慮せず、僕らの使い方や欲しい空間のイメージを正直に伝えることですね。「B's」で実現したことも、僕らの感覚からするとそうあって欲しいということが、設計の方からすると想像を超えているんですよね。それは設計の方には福祉ってこんなものだという既成概念があるからです。もちろん僕らにも保守的な部分はある。でもお互いが保守になってしまう

「B's・行善寺」施設。ジムや保育園、佛子園オフィス、保育園、病院などが中庭を囲む

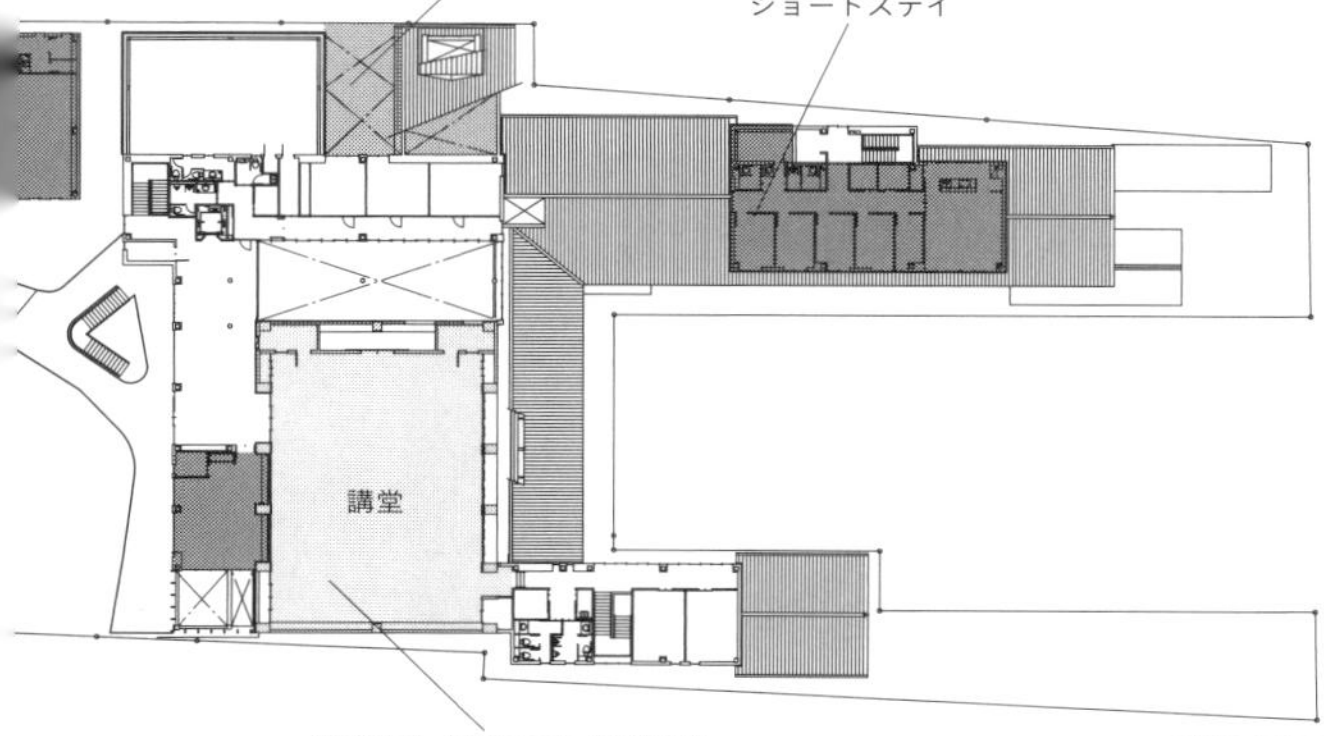

2階平面図

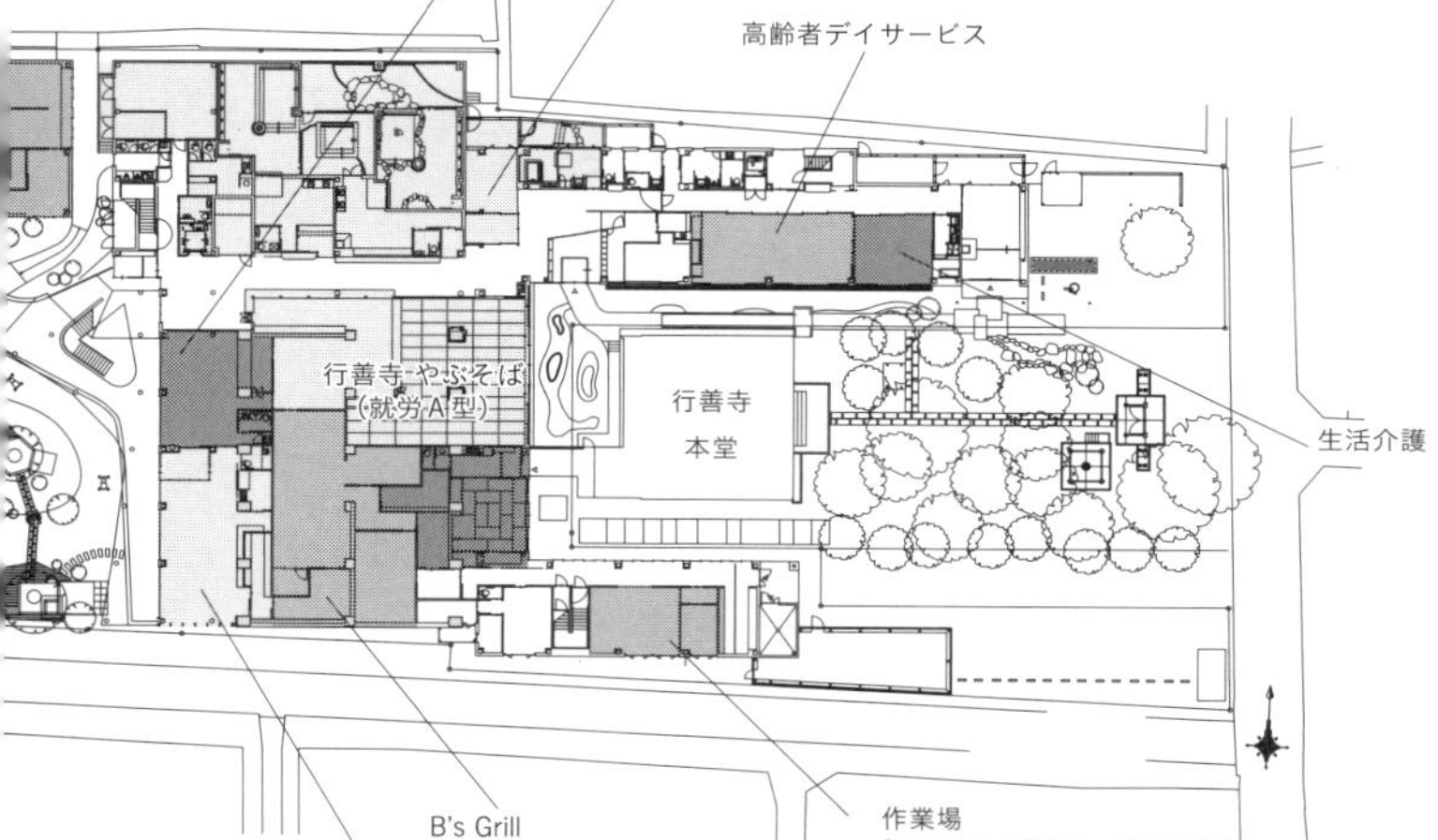

B's・行善寺　1階平面図　1：1000

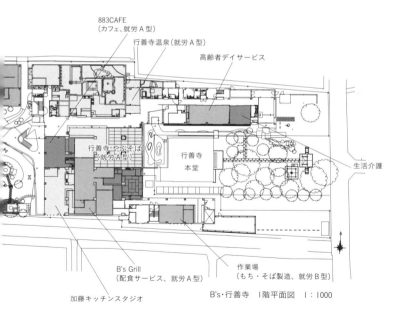

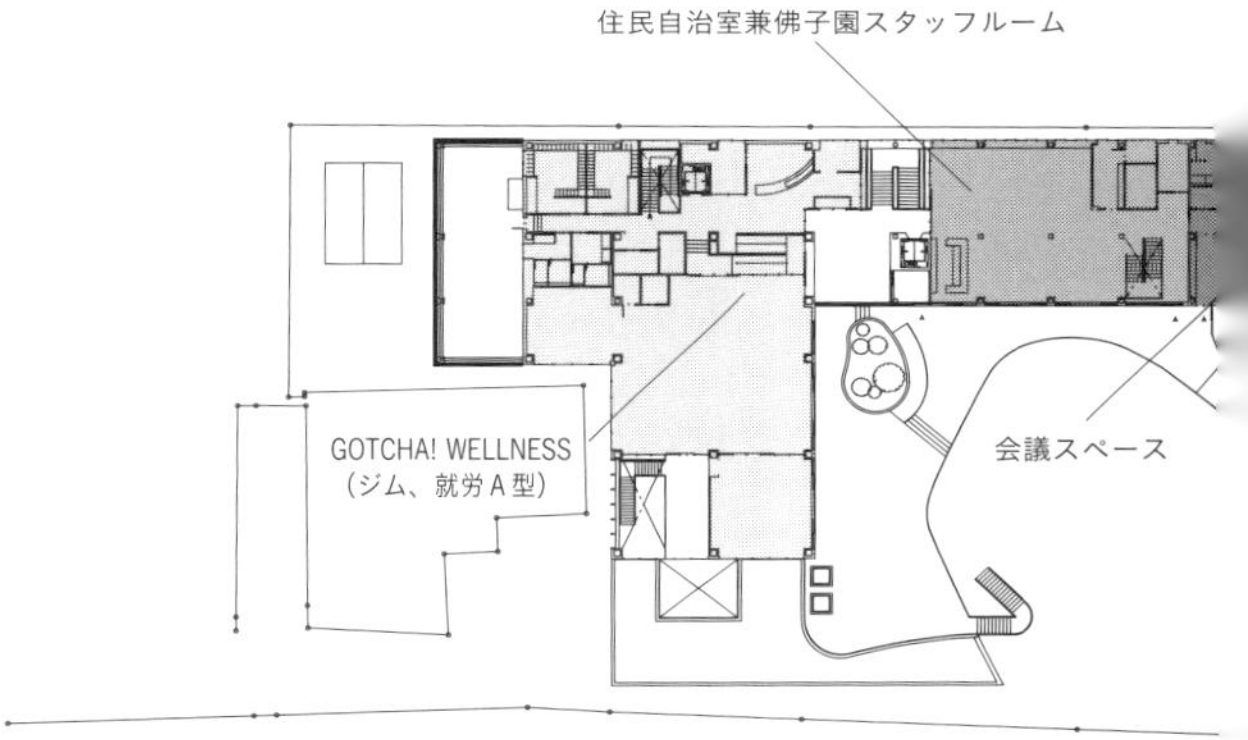
住民自治室兼佛子園スタッフルーム
GOTCHA! WELLNESS
(ジム、就労A型)
会議スペース

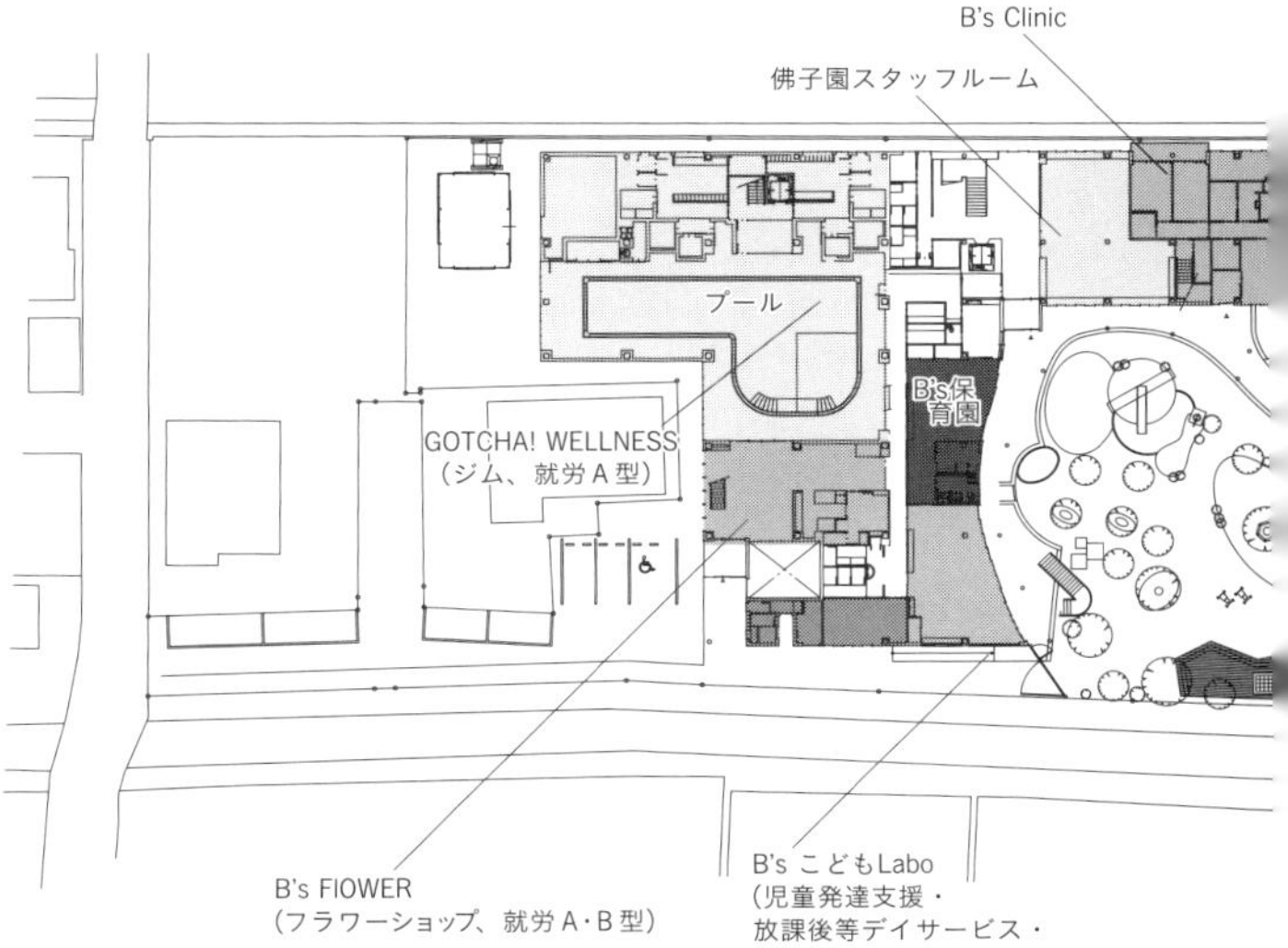
B's Clinic
佛子園スタッフルーム
プール
B's保育園
GOTCHA! WELLNESS
(ジム、就労A型)
B's FIOWER
(フラワーショップ、就労A・B型)
B's こどもLabo
(児童発達支援・
放課後等デイサービス・
保育所等訪問)

と従来のものしかできないですから、それらを壊していかないと。

たとえば「B's」は徹底的にオープンなプランです。一階ではスポーツジムのプールや保育所、発達障害の子どもの部屋が全部見通せるし、二階は会議室から住民自治室にもなっているフリーアドレスのスタッフルーム、スポーツジムまで一直線に視線が抜けています。

スタッフルームが住民自治室を兼ねているので、スタッフが仕事をしている隣で近所の方がご飯を食べたりするのですが、見られていることで仕事への緊張感が高まって、残業が減ったり、スタッフがお洒落に気を使うようになってきた。さらに最近、スポーツジムに通ってくる方もお洒落になって、次第にこの施設を訪れる地元の方の服装まで変わってきました。オープンなつくりにしたことで、みんながいい感じになってきたんです。

西田　なるほど、使っている皆さんにパブリックセンスが生まれたんですね。ところで「B's・行善寺」ではどのような福祉的就労の分類をされているのですか？

雄谷　いくつもの仕事があるのですが、温泉の清掃や、やぶそばでの

「B's・行善寺」施設内のフラワーショップ。ガラス戸の向こうにジムのプールが見える

接客、スポーツジムの受付などは就労継続[2]支援A型、奥にある蕎麦の製粉・製麺所と餅・団子の工場、館内清掃などは就労継続支援B型です。

ここでつくる蕎麦は毎日製麺していて、ワンコインで食べられるのに、名店で出すようなクオリティなんです。それが日常的に地域に愛される秘訣なんですよ。

また「B's」のスポーツジムは、一般的な一日あたりの平均利用率が二七%のところ、四一%もあるんです。ですから日本のトップ3のスポーツジムがすべて見学にいらっしゃいました。なぜそんなに足繁く通ってくれるのか、長く続けている会員に聞くと、やはり居心地がいいと言われます。ほかのジムと違って、一六才以下の子どもたちも、障害者も来てくれていい。ほかのスポーツジムでは、車椅子が通れなかったり、介助する人がいなかったりするので、実際には障害者は排除されているんです。会員からすると、子どもたちが一生懸命何かしているのを横目で見ながらトレーニングができるのが素敵だし、知的障害の方が唐突なことをやっても、それが面白くて笑いが起こったりして、雰囲気が良く、また来たくなる。そんななかで友人ができて誘

[2] 就労継続支援
企業などに就職が困難な障害のある人に就労機会を提供し、生産活動を通じ、その知識や能力の向上に必要な訓練などを行う事業のこと。A型は障害のある人と雇用契約を結び、原則として最低賃金を保障するが、B型は雇用契約を結ばないなどの違いがある。

い合ってくるようになったりして、どんどん利用率が高くなったようです。

「B's・行善寺」を訪れる人は、ひと月に約三万人いるんですよ。地域の元気な方が約二万人、保育や高齢者デイサービス、障害者、それを支えるスタッフなどが約一万人。白山市の人口が一一万人ですから高い割合といえると思います。

もともとこの地域は古参住宅街と新興住宅街が混在し始め、コミュニティのための場所もなく、地域のなかで両者の交流はほとんどありませんでした。僕は地域にはいろんな人たちが交われる、誰も排除されない場所が必要だと思っていますが、実際に本部周辺地域では、この施設を中心にしながら、いろんな人が活き活きと暮らせるまちを目指すという事業の目的に着々と近づいていると思います。

千葉　現在は輪島市でもまちづくりのプロジェクトを行っています。

雄谷　輪島市と一緒に取り組んでいる町づくり「輪島KABULET」も基本的な考え方は「Share 金沢」や「佛子園本部周辺プロジェクト」と同じです。高齢者や障害をもつ方、子育て世代や若者などさまざまな

「B's・行善寺」施設内の佛子園スタッフルーム。住民自治室も兼ねられた誰でも使用できるスペースとなっている

世代の方や移住者などが〝ごちゃまぜ〟になったまちづくりです。ここでも、住民と一緒にみんなでやりたいことを考えていますよ。ＰＣＭの根本の考え方である住民主体にもあるように、彼らがどういう地域にしたいのかが一番大事なんですよね。

千葉　具体的にはどんなまちになるのでしょうか？

雄谷　空家などをリノベーションして、温泉施設や蕎麦屋、外国人シェアハウス、相談センターなどの多世代交流拠点や住民自治拠点、販売所、障害者就労支援サービス、児童発達センター、サービス付き高齢者向け住宅、グループホームとして利用する予定です。

また輪島市の特産品である漆塗り（輪島塗）を高齢者のサービス付き住宅のほか道路の看板や標識などまちの到るところに用い、まちの特徴として活かしていきます。

山道　佛子園では一緒に仕事を組むパートナーを決めているんでしょうか？

雄谷　僕らには「オーシャンズ４」という仲間がいるんですよ。「オーシャンズ11」という映画がありますよね。あの映画は金庫破りや詐欺、ＩＴ、運転などの達人が力を合わせて悪いことをするじゃないですか。そこからいただいた名前です。

それぞれのバージョンによって、「オーシャンズ４」プラス２や３となります。福祉担当の僕、〝ごちゃまぜ〟建築担当の五井建築研究所の西川英治さん、デザイン、コンセプトメイキング担当の（株）グルーヴィの下田武夫さん、温泉掘削担当の（株）エオネックスの市山勉さんが基本メンバーの「オーシャンズ４」です。それに住民などが加わってプロジェクトが動くんです。

「三草二木 西圓寺」、「Share 金沢」、「B's・行善寺」のように、〝ごちゃまぜ〟を支えてくれる建築が実現したことで、よりみんなと意識を共有しやすくなりました。それぞれの達人が同じ目標をもってくださったことで、彼らがまた別の道の達人を連れて来てくれる。何かの役に立つんじゃないかとね。それでまた今までにない切り口が増える。こんな感じでどんどん「オーシャンズ」が増えていけば、さらに面白い社会をつくれるだろうと楽しみです。

（二〇一七年一〇月二五日　佛子園にて）

「輪島 KABULET」の完成予想図。輪島の特産品である漆塗りを高齢者サービス付き住居の壁面や道路看板などまちなかに多用。またゴルフ場で使用される電動エコカートを交通手段に用いるなど、住民主体で個性的なまちづくりを目指す

横浜DeNAベイスターズ「コミュニティボールパーク」化構想

YOKOHAMA ST

横浜DeNAベイスターズ「コミュニティボールパーク」化構想

味方が増えて必然的にまちづくりへと広がった

木村洋太／株式会社 横浜DeNAベイスターズ 執行役員 事業本部長
西田 司／株式会社 オンデザインパートナーズ 代表
聞き手 山道拓人・千葉元生

木村洋太 / Yota KIMURA（左）

神奈川県横浜市出身。2012 年米系戦略コンサルティングファームから（株）横浜 DeNA ベイスターズに入社。事業本部チケット営業部長、経営・IT 戦略部長、執行役員 経営企画本部長を歴任し、マーケティング・中期事業計画立案に加え、球場改修計画（コミュニティボールパーク化構想）策定、横浜スポーツタウン構想や新規事業開発、IT 戦略策定などを手掛ける。2018年1月より執行役員 事業本部長。

横浜ＤｅＮＡベイスターズが史上かつてない人気を呼んでいる。その秘密は地域とのつながりを大切にしたプロジェクトの戦略にあった。集客を目的としたものがやがて市民や横浜市の信頼を勝ち取り、まちづくりへと広がった理由を、プロジェクトの責任者の一人である㈱横浜ＤｅＮＡベイスターズ　執行役員　事業本部長の木村洋太氏とオンデザインパートナーズ代表の西田　司氏に尋ねた。

単に集客のために始めたことがやがてコミュニティを育む場に

山道　横浜ＤｅＮＡベイスターズが「コミュニティボールパーク」化構想を始められたきっかけについて教えてください。

木村　最初は㈱横浜ＤｅＮＡベイスターズの筆頭株主が二〇一一年のオフシーズンに㈱東京放送から㈱ディー・エヌ・エーへと変わり、単純に集客のためにいろんな人にアピールする方法を考えて始めたことでした。一年ほどスタジアム内外で楽しめる仕掛けをつくるため試行錯誤を繰り返しましたね。

「THE BAYS」会議室にて行われたインタビュー風景。右より山道氏、木村氏、西田氏、千葉氏

「コミュニティボールパーク」化構想

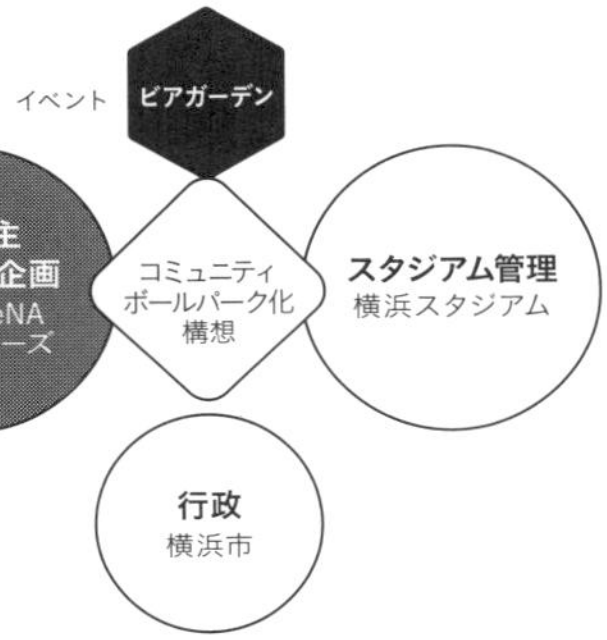

2012-

横浜 DeNA ベイスターズと横浜スタジアムが、野球ファンだけでなく、広く市民にスタジアムを開く試みとして「コミュニティボールパーク化」構想を開始、横浜公園でイベントなどを行う。

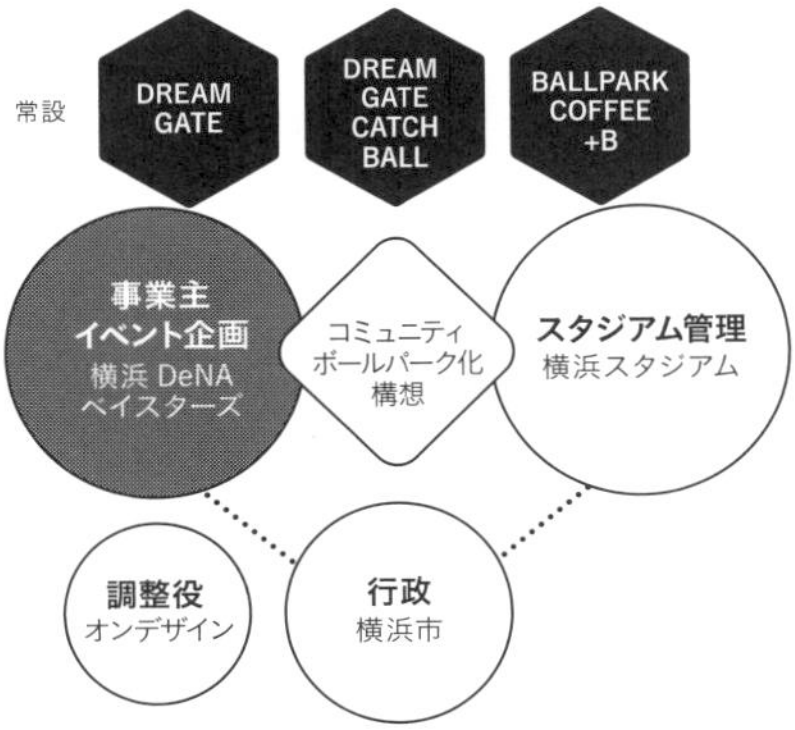

2014-

横浜市との調整役にオンデザインが参画し、徐々に市民が日常的に使用できる場所や取り組みがスタジアムに設置される。

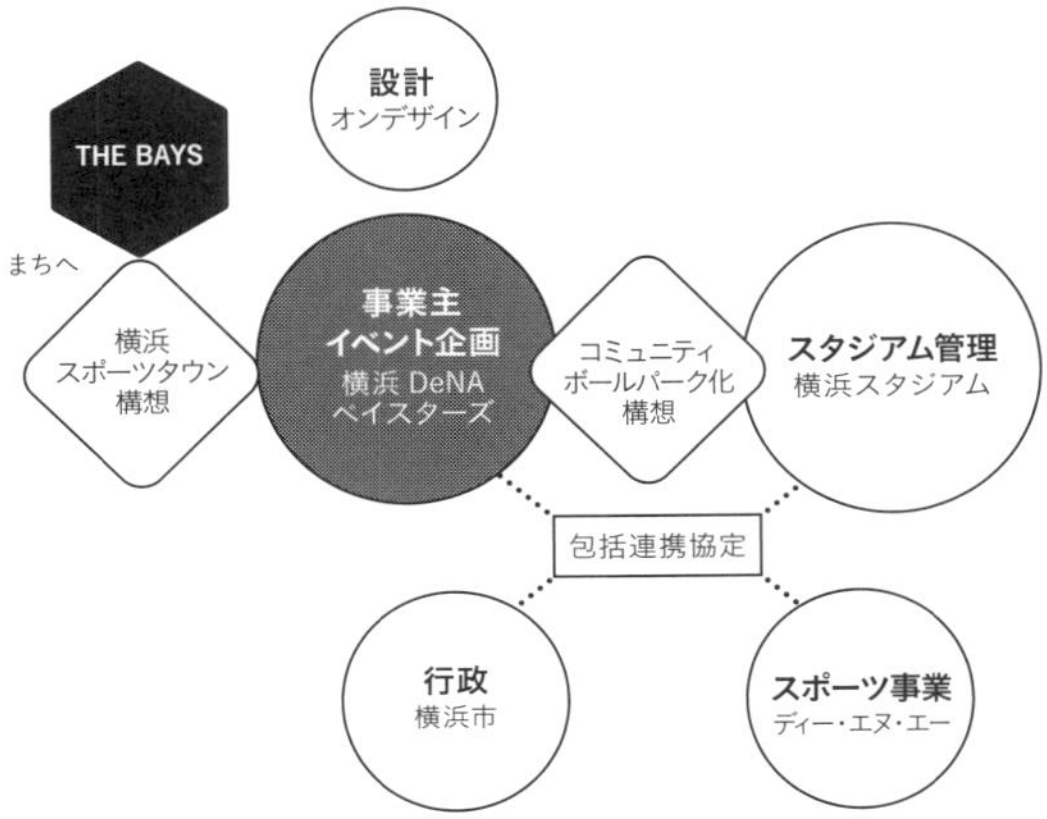

2017-

「THE BAYS」の開設によりスタジアムからまちへと取り組みが広がり、「横浜スポーツタウン構想」へと前進。新たに結ばれた横浜 DeNA ベイスターズとディー・エヌ・エー、横浜スタジアム、横浜市との包括連携協定がその構想を後押しする。

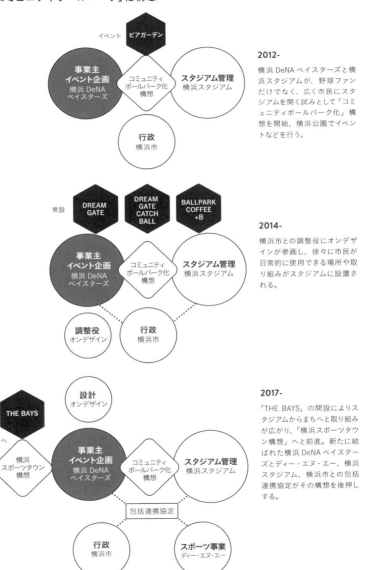

実際に「コミュニティボールパーク化」構想を掲げ始めたのは、二〇一二年のオフシーズンからで、これは横浜公園内に建つスタジアムの立地を活かして、単に野球を楽しめるだけでなく、公園とスタジアムを一体にして場を盛り上げようというものです。

コミュニティを育む場としていきたいと、横浜市も含んだ実行委員会としてビアガーデンを開いたり、移動水族館・動物園などのイベントを催し始めました。

そのうち、オンデザインパートナーズの西田さんに参画いただいた二〇一四年頃から、スタジアムの盛り上がった雰囲気をまちにつないでいく、というテーマが混ざってきました。二〇一四年の横浜市指定有形文化財である旧関東財務局の活用事業への応募（後に「THE BAYS」として運用）や、二〇一七年に発表した「横浜スポーツタウン構想」を始め、プロジェクトの範囲がまちづくりにまで広がってきました。

山道　どのようなエンジンでプロジェクトがどんどん大きくなっていったのでしょうか？

木村　味方が増えて必然的にプロジェクトが大きくなっていったよう

横浜公園で2012年より毎年実施されている「ハマスタBAYビアガーデン」（2017年）

に思います。最初は横浜ＤｅＮＡベイスターズが向かいたい方向に対して、（株）横浜スタジアムという別の運営会社に協力してもらいながら、横浜市の制度にもとづき認可をもらっていました。ただ、僕らが意義のあることだと思って提案したことでも、それがうまく伝わらないこともあった。

そんななか、横浜市と一緒に多くのプロジェクトをされていたオンデザインの西田さんから、「まちに情報を伝えるには、行政を味方に付けることが大切」だというアドバイスをいただいて「横浜市や横浜市民にもこういうメリットがあります」というところから会話を始めるようになりました。

となるとわれわれも、自社のプロジェクトでも市民にプラスになる要素を付け加えるようになる。するとそれが横浜市民にも伝わり、それまでベイスターズにそれほど興味をもってなかった市民の皆さんにも興味をもっていただけるようになったのです。

ですから壁を突破するために横浜市を巻き込んだことが、回り回って自分たちへプラスに跳ね返ってきたんですね。

横浜市に納得してもらえる話し方を身に付けた

山道　西田さんが参加されたのはいつ頃でしょうか？

西田　二〇一四年の頭ですね。話をお聞きしたところ、一企業が何かやりたいということに対して、行政が市全体のことを考慮に入れることで話が進まない、というかたちに見えました。

山道　調整役として参加され始めたんですね。具体的に話が進まなかったのはどのような点でしょうか？

木村　基本的には横浜市民に影響を及ぼすスタジアム外部の話が多いですね。

西田　公園は市の管理で、スタジアムは運営会社の管理と管轄が分かれているのですが、お客さんにとっては同時に体験するものです。
　ですから、たとえば「（ベイスターズの利益のために）野球を観に来たお客さんに提供するコーヒーショップを公園につくりたい」だと認められないのですが、「コーヒーショップができると、公園の便益施設として利用者にメリットがありますよ」だと認められるわけです。

また二〇一五年から始まった「DREAM GATE」は、スタジアムの扉を開けて内部を見られるようにしたものです。横浜市からすると、説明がないとメリットがわからないのですが、「子どもたちにとってはプロ野球選手の練習風景に日常のなかで触れる機会があるのは、都市生活の魅力としてとても有意義なこと」だと説明すると理解していただけるんです。

横浜市は景観を厳格に管理していて、スタジアムの外壁に「ベイスターズ」と企業名を書くと屋外広告条例に引っ掛かってしまうのですが、ゲートらしくブルーに塗って、「DREAM GATE」と掲げたうえで、ベイスターズのシンボルともいえる星のマークを光らせるのであれば、ここに来ればスタジアムの中を見られるサインとして、「公共に資する」という目的に合致していると認めていただける。

行政はそこで暮らす市民の皆さんにしっかり説明できることが大切なので、公共の福祉や公益性に資するかたちでお話しする必要があるんです。

横浜スタジアム「DREAM GATE」。練習する選手の姿を覗き見ることができる

やがて横浜市と同じ立場で、同じ目標を目指す関係に

山道　やり取りを行う横浜市の部署は限られるのでしょうか?

西田　案件によって変わってきます。また当時の状況ではベイスターズ内の連携が不足しており、さまざまな部署の担当者が案件ごとに横浜市に相談をもっていって、一方で話をした内容が、違うところでも尋ねられる、というストレスが行政側にありました。それを整理して、どうしたら公益になるかをまとめさせていただいたら、スムーズな話し合いのテーブルが徐々にできて、話がまとまっていきました。

木村　たとえば二〇一六年から始まった「DREAM GATE CATCHBALL」は一般の方に選手の使用しない時間帯に「DREAM GATE」から球場内に入ってキャッチボールをしてもらうという企画です。最近ではキャッチボールができる公園が少ないので、市民が利用できる時間をつくりたいと横浜市にもっていったら、すんなりと良い企画だと認めてもらえました。

先ほどお話したビアガーデンや移動水族館・動物園も横浜市に対す

子どもたちが横浜スタジアム球場内でキャッチボールを楽しむことができる「DREAM GATE CATCHBALL」

る安全性確認の実証実験ともなり、その後の規制緩和にも影響があったと思います。このように横浜市といろいろと話をしながら進めていった結果、市民の皆さんにベイスターズを身近に感じてもらい、観客動員数も増えていきました。

また二〇一四年秋に旧関東財務局リノベーション事業の公募に手を挙げたことでも、地域と積極的に関わる覚悟を認めてもらうきっかけになったと思います。

それらの一つの結果として、二〇一七年三月に(株)ディー・エヌ・エーと、(株)横浜DeNAベイスターズ、(株)横浜スタジアム、そして横浜市が包括連携協定を結ぶことになりました。まちづくりや地域経済活性化、スポーツ振興というものに関して、この四者がお互いに力を出し合って取り組んでいく、という座組みになったのです。今までは僕らが横浜市にお願いして動いてもらうというかたちだったのが、逆に横浜市からお願いしてもらいながら、一緒に頑張るというかたちになれて、今までとは随分関係性は変わったなと思います。

スポーツとまちを掛け合わせてまちづくりを行う

西田　二〇一四年の旧関東財務局活用事業の公募には「スポーツ×クリエイティブ」というテーマで応募しました。市の文化観光局の管轄事業なので「横浜の創造拠点となり、創造的産業につながるネットワーク形成に資する施設とする」という条件があったのですね。

ですから今まで「スポーツ」と呼んでいたものをいかに文化軸に載せるかを考え、「創造都市」が英語では「Creative City」という表現になることから、スポーツとクリエイティブを掛け合わせ「スポーツ×クリエイティブを基軸としたまちづくりの起点」というコンセプトを打ち出したのです。

そのプロジェクトを実現したものが「THE BAYS」で、館内には地下1階にフィットネススタジオ、一階にブールバードカフェ「&9」とライフスタイルショップ「+B」、二階に共創をテーマにしたコワーキングスペース「CREATIVE SPORTS LAB」、三階にミーティングルームと多目的スタジオ、四階に横浜ＤｅＮＡベイスターズのオフィスが

横浜公園の真向かいに位置する「THE BAYS」(写真右)

入っています。

木村　たとえば、「クリエイターとスポーツ産業のマッチングによって新しいデバイスが生まれる」というビジョンを打ち出しましたが、当時はそんなに詳細が詰まり切れてない、ふわっとしたものでした。まちの盛り上げで注目を浴び始めていたので、委員会は期待を掛けてくださったんだと思います。それはわれわれとしても重く受け止めてやってきました。

千葉　スポーツとクリエイティブを掛け合わせてまちづくりを行うというコンセプトは、「THE BAYS」を訪れるとすんなり理解できました。球団がこのような歴史ある建物を借りて運営をしていくのも面白い試みですよね。

木村　なぜ一プロ野球チームが〝創造〟を語ろうとするのかは、理解されにくいところです。ただこの一、二年は二〇二〇年の東京オリンピックで野球の試合が開催されることや、スポーツ庁がスポーツの市場規模を現在の五・五兆円から一五兆円に拡大すると掲げたことなどスポーツが盛り上がりを見せています。そんな社会全体の時流に後押し

「THE BAYS」1階にある「&9」。リノベーション設計はオンデザインパートナーズが手掛けた

されたことで世間に受け入れやすくなったのかなと思いますね。

建築家が役所や専門家たちとのハブになる

千葉　もともとは動員数を増やしたいという動機から始まって、どのようなきっかけでまちづくりにまで広がったのでしょうか？

木村　きっかけは明確ではありませんが、動員数が賑わいづくりと表裏一体だと、だんだん気づいたんですね。

千葉　社内にまちづくりにつなげていくための専門の部署はあるのでしょうか？

木村　まちづくりや球場改修の専門の部署はありませんが、主に経営・IT戦略部が担当しています。球場改修は年度毎に別の人間がプロジェクト制で担当していましたが、徐々に定常的な工数が発生する仕事だし「まちづくり」という括り方をして、社内では一部署に任せたほうがいいということになりました。

西田　横浜DeNAベイスターズは、昨日までチケットを売っていた方が今日からまちづくりのプロジェクトに配属されるような、ダイナミックな部署異動をする会社なんです（笑）。

木村　「THE BAYS」を立ち上げる際にブールバードカフェ「&9」も始めたのですが、そのときは自社では一部の飲食開発しかしておらず、誰もノウハウがない状態のなか、西田さんに飲食業の経験者をご紹介いただき、手探りで直営を進めました。うちの会社ではそういうパターンが多くて、ライフスタイルショップ「＋B」で販売しているファッショナブルなグッズを扱い始めるときにも、今までの応援グッズと勝手が違うので、戸惑っていたと思います。

西田　「＋B」立ち上げのときにはまちづくりにつながる事業企画や店舗経営などを手掛ける「Tone & Matter（トーンアンドマター）」の広瀬郁さんを紹介しました。また販売するグッズ企画などの立ち上げにはバイヤーの「method（メリッド）」山田遊さんや、デザイナーの「NOSIGNER（ノザイナー）」太刀川瑛弼さんにも加わってもらっています。「&9」で出しているコーヒーもサードウェーブコーヒーの「OBSCURA（オブスキュラ）」に豆の提供からトレーニングまでしてもらいました。

千葉 西田さんが建築家という枠を飛び越え、外部とつなげるハブ役となって、役所やデザイナーなど専門家をつないでいるんですね。そんな関係性や、ベイスターズと市との関係性のなかでこの場所全体ができ上がっている感じが面白いですね。

西田 この「THE BAYS」を立ち上げるときにも、「+B」同様、クリエイターチームとコラボし、全体の建築設計に留まらず、いかにまちとつなげるかを模索したり、「CREATIVE SPORTS LAB」の日常的な運営企画も担当しています。

僕も横浜市に住んでいるのでわかるのですが、最近は驚くほど観客動員が増えていて、「スタジアムに行った?」というのが日常会話で出るほどです。そのほかユニホームを着てまちを歩いている人がいたり、チケットが取れなかったりもしますね。

木村 おかげさまで、スタジアムを増改修して規模を大きくすることになりました。前提となる建ぺい率の緩和と二〇二三年までの球場使用の契約をさらに四〇年延長することを横浜市議会で承認いただいた

次頁:2020年には横浜スタジアムは改修され、2階部分に横浜公園とつながる回遊デッキや、屋上テラス席、個室観覧席などが新設され、まちの賑わいとつながり、市民の憩いの空間となることを目指している

ところです。

千葉　今後「I☆（LOVE）YOKOHAMA」という枠組みで展開していく事業にはどんなものがあるのでしょうか？

木村　横浜市と相談しているものの一つに、公園を活性化するアイデアがありますね。また横浜市役所跡地にできる施設にはわれわれも直接的か間接的かに捉われず盛り上げに一役買いたいですし、この球場近辺のエリアだけでなく、横浜市全体に「I☆（LOVE）YOKOHAMA」のキャッチフレーズが広がっていくといいなと思っています。

西田　二〇一七年から横浜市の小学校の給食にベイスターズの若手選手が寮で食べている「青星寮カレー」が提供されて、子どもたちにベイスターズのカレーだと紹介されるようになりました。子どもが小学校から「カレーが始まります」という通知をもらってくるんですが、その裏にベイスターズの野球の試合日程が載っていました（笑）。

山道　子どもたちが皆、必ずベイスターズファンになっていく訳ですね（笑）。

木村　二〇一六年には球団創設五周年の特別プロジェクトとして

キャップを配りました、日程表付きで。

千葉　すごいですね、何個くらいですか？

木村　約七二万個です。ですから約七二万人に日程表も配られているという訳ですね。

社内の会議で「なんで帽子？」という議論がありましたが、「お母さんが、子どもを外に連れて行くときに、帽子があったら必ず被せるだろう」という答えが出てきました。

西田　帽子が配られてからしばらく経つのに、今だに小さい子がいる公園に行くとかなりの確率でキャップ姿を見ます。子ども時代に、初めて被ったキャップがベイスターズの野球帽という体験は、原風景として子どもの心には焼き付いていくんじゃないかなと思います。

（二〇一七年六月七日「THE BAYS」にて）

松陰神社通り商店街

2
Grand Arbre

松陰神社通り商店街

ハードとソフトの両側面から まちを盛り上げる

佐藤芳秋／株式会社　松陰会館　常務取締役

聞き手　中村真広

佐藤芳秋 / Yoshiaki SATO

1982年東京都生まれ。2002年駒澤大学中退。2004〜06年インテリア雑貨卸売会社勤務。2006年(株)松陰会館入社。現在、常務取締役。世田谷エリアを中心に、不動産事業やコミュニティ事業などを展開。コミュニティスペース「Shoinstyle」、世田谷の情報サイト「せたがやンソン」、まちのプラットホーム「松陰PLAT」などを手掛ける。まちと人に伴走しながら、積極的にまちづくり活動に取り組む。

二〇一〇年、ほぼ同時に三者が動き出した「松陰神社通り商店街」のまちづくり。偶然の一致を巧みなチーム編成で導き新しい風景をつくり出すことに成功した(株)松陰会館の常務取締役 佐藤芳秋氏にそのストーリーを尋ねた。

祖父の立ち上げた思いを引き継いで地域活動を再開

中村 (株)松陰会館の成り立ちを教えていただけますか?

佐藤 松陰会館は昭和三五(一九六〇)年に創業し、今年で五七年目を迎えました。プロパンガスの販売やガス設備機器販売工事と、不動産賃貸・管理・大家業を軸にした事業を行なっています。

弊社は私の祖父が立ち上げた会社です。祖父は新潟から上京し、銭湯で客の背中を流す三助という仕事をしていましたが、やがて銭湯を商うようになりました。銭湯では大量の湯を沸かすことから石炭や石油などの燃料を扱うようになり、戦時中の燃料統制のなかエネルギーの供給元となることができました。そしてプロパンガスの販売を始め

松陰神社通り商店街

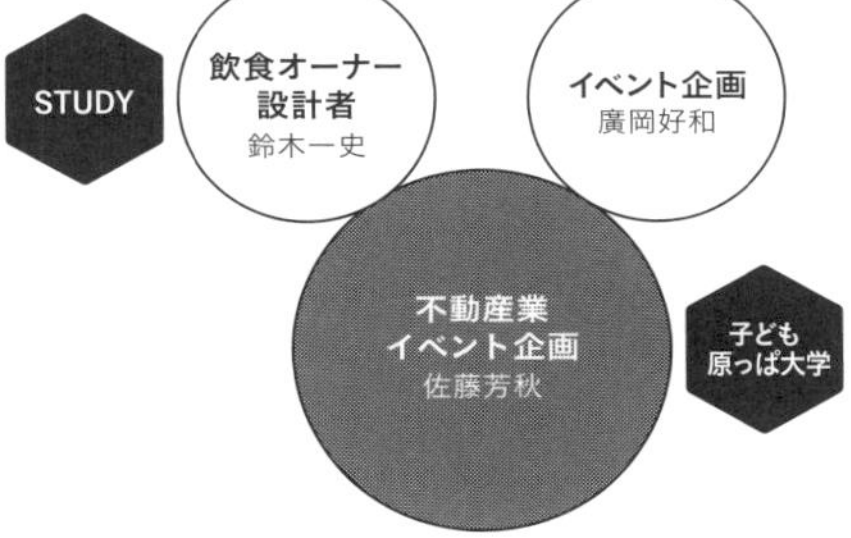

2010

佐藤芳秋が松陰会館創業５０周年を機にまちづくり活動をスタート。鈴木一史が「study」開始、廣岡好和がこの地に住み始める。

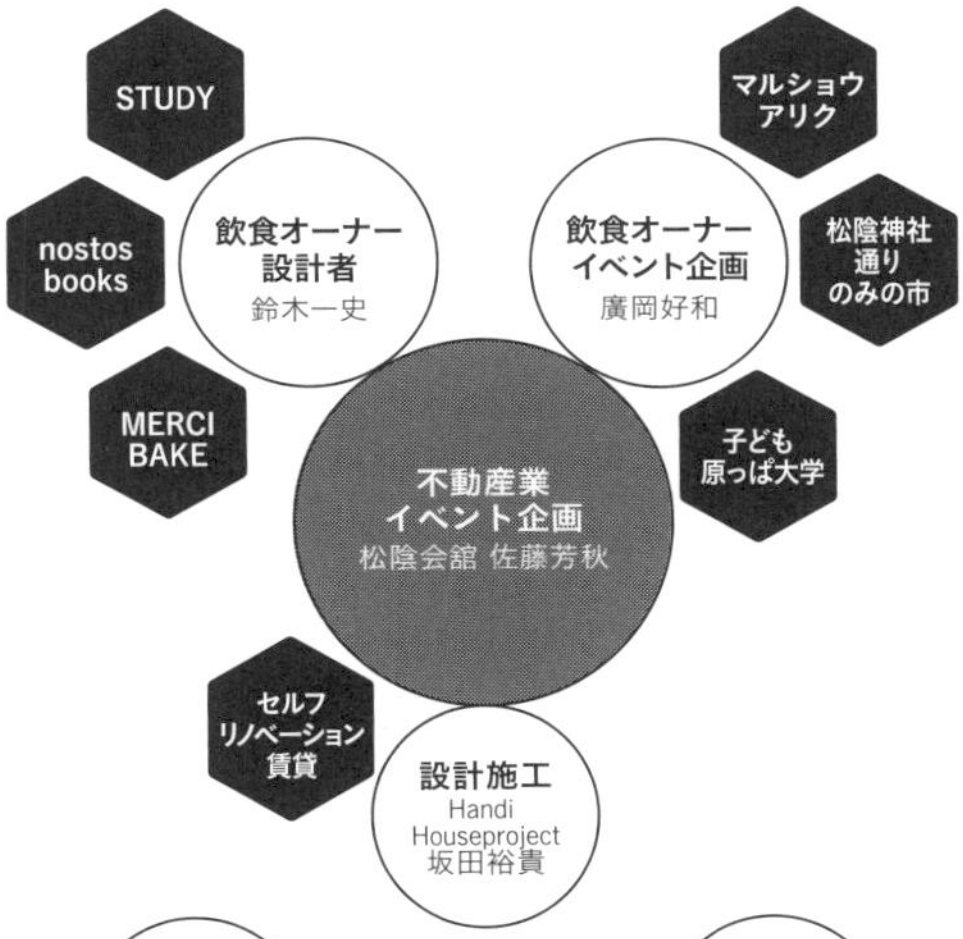

2012-13

佐藤芳秋が鈴木一史、廣岡好和それぞれと協働し、各プロジェクトを開始。佐藤芳秋は別の設計者、坂田裕貴とも協働。まちが洒落た雰囲気になり活性化する。

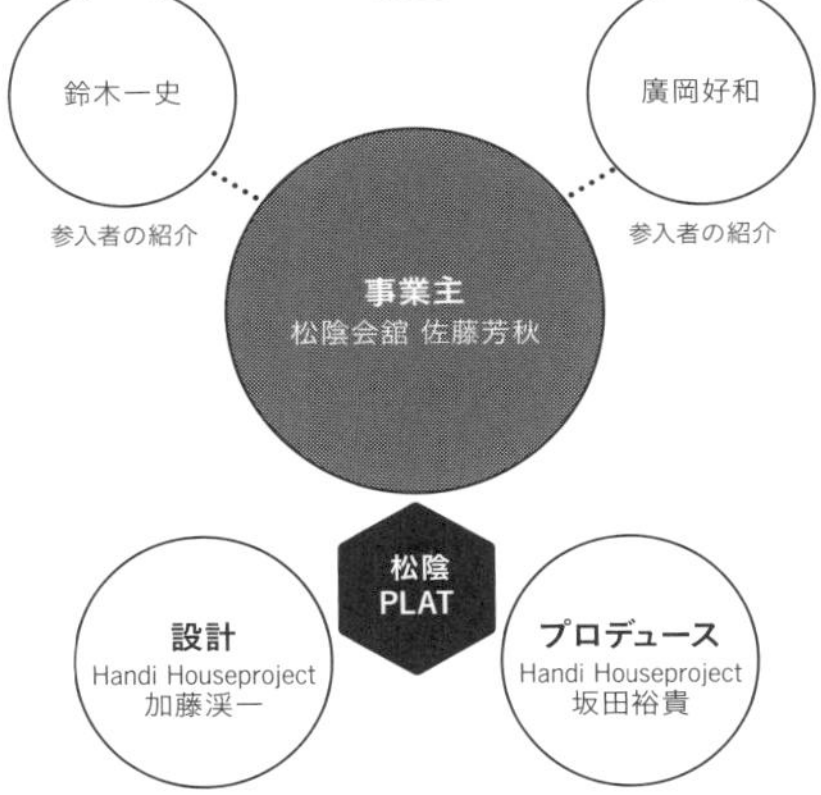

2014

佐藤芳秋がさらに別の設計者を引き込み、鈴木一史、廣岡好和もまた、まちにそれぞれ人を呼び込む。まちづくりの輪が広がり、ますます盛り上がる。

た後、将来的な展望を考え一九八五年から親和性の高い不動産業を始めました。

中村　松陰会館ではいつ頃から地域活動を始めるようになったのでしょうか?

佐藤　松陰〝会館〟と名付けるくらいですから、祖父はほんとうは結婚式場やタクシー会社のような、人が集まる事業をしたかったんですね。銭湯を商っていた頃から、人を集めるのが好きで、そのためにテレビや自家用車も町内で一番初めに買ったりしていました。

そんな性格だったので、祖父は松陰神社通り商店街の立ち上げにも関わり、初代商店街会長を務めていました。ですから個人としても、やがて企業としても商店街と関わるようになったのですが、晩年になって活動ができなくなるにつれ、会社もそのような活動から離れていきました。

このような歴史があるため、創業五〇周年を迎えた二〇一〇年の折には、創業の原点に立ち返り、人を集め地域に貢献できるような活動を、改めてスタートすることにしたのです。

中村　佐藤さんは二〇〇六年に松陰会館に入社され、その後二〇一〇年に創業五〇周年を迎えられたんですよね。

佐藤　そうですね。祖父の想いは家でも伝えられていたので、いずれは事業として再開しないと、とは思っていました。スタート一〇年ほど前の一九九五年頃から、商店街の衰退を感じるようになっていたのも再開理由の一つです。代替わりのタイミングで商いを辞めてしまう昔ながらの店が続き、遊びに行きたいと思う店が徐々になくなっていっていました。

当時は〝松陰神社前〟という地名はまるきり認知されておらず、不動産屋はこの辺りを〝三軒茶屋〟といって売り込んでいました（笑）。確かに三軒茶屋から徒歩二〇分ぐらい、世田谷線で一〇分ほどの距離感なのですが、この地で不動産業を営んでいる身としては「これはまずい、この状況をなんとか変えねば」と。

また、ちょうどその頃から、駅の北側にも住宅が増えて商店街のかたちがどんどん変わり始めていました。商店街というより住宅街になってしまうんじゃないか、という危機感も感じ始めていました。

松陰神社通り商店街。毎月第1日曜日に開催される「松陰神社通りのみの市」の様子

中村　その展開を、松陰会館の活動が食い止めたわけですね。

まちを変えた三人のキーパーソン

中村　二〇一〇年から、具体的にどのような活動を始められたのでしょうか。

佐藤　僕の最初の活動は、「子ども原っぱ大学」という子ども向けの催しでした。僕は最初は建築などのハードではなく催しなどのソフトで何かできないかと考えていました。やがてそこで出会った人たちと、その後いろいろな活動をともにするようになりました。「松陰神社前」が現在のようなまちへと変化させたまちづくりには仲間がいます。

一人はカフェ「study」のオーナーであり、設計者でもある鈴木一史さん。もう一人は居酒屋「マルショウ アリク」オーナーの廣岡好和さん。この二人と僕がほぼ同時に、このまちをなんとかしたいと動き出しました。二〇一〇年に松陰会館が地域活動を始めた時期に、鈴

廣岡氏と佐藤氏がともに企画した「子ども原っぱ大学」のイベントの様子。松陰神社前の空き地で行われた

木さんは松陰神社前で「study」を始め、廣岡さんは松陰神社前に住み始めました。そして三人とも同世代で、三〇代後半なんです。

中村 ほかの二人の活動を具体的に教えていただけますか？

佐藤 鈴木さんは「study」というカフェを駅前一等地で始められました。ただその場所は、それまでテナントが入れ替わり立ち替わりで、何をやっても長続きしないところだったんです。建物は松陰会舘の所有なのですが、そこでお洒落なカフェをやるというので、僕らを始め住民は「なんてお馬鹿な人が来たんだ」なんて、勝手なことを言っていたのですが（笑）。

後から鈴木さんに聞くと、自分の店舗デザインのショールームであり、内装の仕事に広がりを出すための場所という位置付けで、よく練られた判断だったようです。

オープン当初こそ経営も苦しかったようですが、松陰神社前という場所を二、三年ほどいろんな場所で売り込んでいたところ、店をやりたいという人がポツポツと現れた。「nostosbooks（ノストスブックス）」と「MERCI BAKE（メルシーベイク）」という二店舗に鈴木さんが関

「STUDY」（設計：鈴木一史、2009年）

わってオープンしてから、まちがパッとお洒落な感じになって活気を帯び、「study」も盛り上がっていったようです。

「nostosbooks」も「MERCI BAKE」も物件探しを松陰会館に依頼してくれていたので、僕は鈴木さんと一緒に建築のプロジェクトを一緒に進めることもあります。また鈴木さんは、ただ受けた内装の仕事だけをこなすのではなく、オープンしてからもずっと、クライアントと一緒にイベントをするなど継続的に関わりをもたれているんです。

廣岡さんのほうは、二〇一〇年ごろから松陰神社前に住んでいました。出身が千葉の新興住宅地だったので、もともとまちの人との触れ合いに憧れがあったそうです。アパートに住んでいるにも関わらず、自分の家の前と、それだけじゃなく隣三軒どころか五軒くらい掃除してしまうような、ちょっとお節介な面白い人なんですね。

知り合ってから、彼がプロデューサーになってできることを一緒に始めて、「子ども原っぱ大学」のイベントも彼と一緒に企画したんです。そうこうしているうちに、あるイベントの挨拶回りの際、空き店舗のオーナーが直接、彼に「店をやってみたら？」と持ち掛けて。彼もい

右：「nostos books」
（設計：鈴木一史、2013 年）
左：「MERCI BAKE」
（設計：鈴木一史、2014 年）

ずれは飲食店を始めたいと思っていたそうです。ただ、さすがに声を掛けられてすぐは二の足を踏んでいたのですが、皆でけしかけているうち、徐々に本気になってしまって、牡蠣とおばんざいを出す居酒屋「マルショウ アリク」を始めました。そこではカウンターでアコースティックギターの弾き語りをしたり、軒先で野菜を販売したり。そのほか、定期的に「松陰神社通りのみの市」を開催して、ソフト的な側面でまちを盛り上げる活動をしています。

メンバー構成はバンドを組むように考える

中村　建築などハードの面でまちを盛り上げる鈴木さんと、催しなどソフトの面で盛り上げる廣岡さん。とても良い役割分担ができているようですが、三人は一緒に活動されているのでしょうか？

佐藤　じつはそんなことはないんです。松陰会館は不動産をもっているので、何か始めるときに相談されやすいから、鈴木さんと廣岡さん、それぞれと僕がつながって、僕は彼らのハブになっているようなかた

廣岡氏が店主を務める「マルショウ アリク」。「松陰神社通りのみの市」に集う客で賑わう店先

ちです。だからバラバラにならずに済んだのかもしれませんね。

僕らがもし一つのチームとして動いていたら、多分この広がりはなかったと思います。ハード面での活動をする鈴木さんとソフト面での活動をする廣岡さんとがいて、それぞれが同時に進んだので、一気に広がり、盛り上がったんじゃないかという気がします。

中村　そもそも佐藤さんが鈴木さんや廣岡さんと出会うきっかけは何だったのでしょうか?

佐藤　三人が通っていたラーメン屋の店主の紹介です。人をつなげるのが好きな人で、そんなに個人情報を教えちゃっていいのか? というくらい「こういう仕事をしてる、面白い人がいるよ。一緒にやれば」と教えてくれるんです。

中村　すごい、「ルイーダの酒場[1]」みたいなものですね。

佐藤　そうなんです(笑)。人と人がつながっていくなかで、その人たちの職能が見えてきて、じゃあ何ができるのか、自然と考え始めるような感じでした。

僕はまちづくりに関わるようなことをしたいという相談をよく受け

[1] ルイーダの酒場
コンピュータゲーム『ドラゴンクエストシリーズ』(スクウェア・エニックス発売)に登場する架空の店で、仲間との出会いと別れの場。

るのですが、人を引き合わせるときには職能が被らないようにとは意識しています。バンドを組むときと同じような感じですよね。

中村　なるほど。佐藤さん、鈴木さん、廣岡さんというスリーピースバンドで、まちが変わり始めた、と。その後、佐藤さんはHandiHouse project（ハンディ・ハウス・プロジェクト）の坂田裕貴さんや加藤渓一さんを呼んできましたよね。

佐藤　それはまさに、この先のチームを構成するときに、またこのまちで鈴木さんと組んでしまうと、色が付き過ぎてしまうかなと思ったからです。全部が全部、「nostosbooks」や「MERCI BAKE」のようなテイストになってしまうと、多様性がなくなってしまうかなと思って。

中村　レーベルを超えて、別のサックスプレイヤーと別のバンドを組んでみた、という感じですね。

佐藤　坂田さんとは二〇一二年から、セルフリノベーションを一緒に始めました。彼がもともと、自分で住むためのセルフリノベーションできる物件を探して、うちを訪ねてくれたことが知り合ったきっかけです。

彼に店舗設計や住宅案件などいくつか仕事を発注するようになり、二〇一四年にはうちに入社してもらいました。入社後、「松陰PLAT（プラット）」では彼は建築家ではなくプロデューサーも担ってもらいました。ほかにもお洒落にリノベーションしてから募集を掛けるものや、お客さんと一緒に施工するものだったり、いろいろなタイプの住宅案件を試行錯誤しながらチャレンジしました。ただ、やっぱり住むのは家でも暮らすのはまちなので、暮らしたいまちだと思われないと、人は来てくれないんだ、と今改めてそう思っています。

そこここに個別の動きでコンテンツが派生する

中村　佐藤さんは、ハンディ・ハウス・プロジェクトのメンバーを引き入れるなど外の血を入れるような動きをされていますが、鈴木さんや廣岡さんにも同様の動きはあるのでしょうか。

佐藤　ありますね。鈴木さんのほうは、お店をやりたい人を引っ張ってきて。「こういう店をやりたいそうなんだけど、いい物件ある？」

「松陰PLAT」（設計：松陰会館+HandiHouse project、2016年）

とうちに紹介してくれます。彼自身がこのまちに入ってきてほしい人を引っ張る場合もあるし、相手から相談に来ることもあるそうです。

廣岡さんも同様に、この辺りで店を出したいという相談を受けるそうで、その人を僕に紹介してくれることもあります。また、廣岡さんはのみの市などの催しを定期的に続けているので、このまちでのイベントに外の方を連れて来られることもあります。

中村　まさにまちを活性化するコンビネーションですね。鈴木さんは設計者でありながら、廣岡さんも飲食店のオーナー兼運営者でありながら、不動産業的な動きも行っているのが面白いです。佐藤さんたちのストーリーと完全に別な部分で、パラレルに動いている松陰神社前商店街のストーリーはあるんですか？

佐藤　そうですね、商店街の人たちは、昔からの流れで行っているものを淡々と繰り返されています。とてもありがたいのは、私たちの動きに干渉してこられなかったことですね。商店会長が若い人の動きを潰してしまう、ということもよく耳にしますけど、ここでは応援するのでも、潰すのでもなく、淡々と見守ってくれています。松陰神社の前の土地ですから、まず神社ありきで自分たちが商売させてもらっている、という意識が根強くあるのかもしれません。

そのほか、新しく住み始めてくださったユニークな方がいらっしゃいますね。作家なのにリノベーションの施工をして店をつくったりもしていて驚かされることもあります。

中村　「ふたつの月」のオーナーでフラワーアレンジメントをされる平松さんたちも二〇一〇年頃からこのまちに住んでいるとお聞きしました。このまちの面白い店を訪ねたら、行くところ行くところ「ふたつの月」のフラワーが飾られていました。

ここで暮らす皆が自分のスキルをもち寄って、同じ方向を向き、一つのまちをつくっている感じがすごくしますね。

佐藤　そのほかの動きですと、二〇一三、一四年頃から、あちこちで、松陰神社前マップがたくさんつくられるようになりました。「nostosbooks」や「マルショウ アリク」、松陰会館でもそれぞれ異なるコンセプトのマップをつくっています。

今はもうどんどんいろんな人が出てきて、マーケットなどそれぞれ

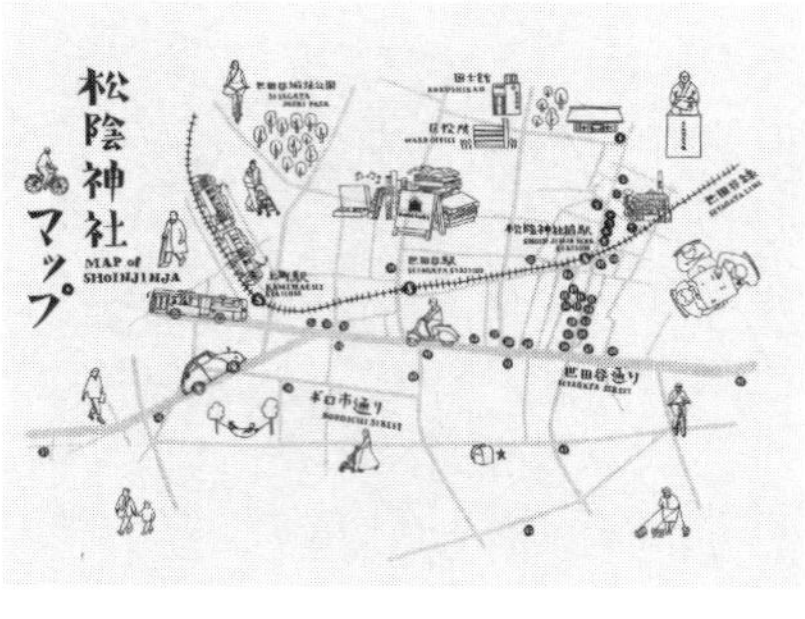

「nostos books」作成の
松陰神社前マップ

の活動をされてます。二〇一六年からは、ほかの住人で新しくプロデューサーになりたいという方が現れています。たとえばハロウィンイベントをやりたいと、自分で一〇件ほどの参加店舗を集め、マップをつくったり、提供商品の品目まで考えてくれる方もいました。

この商店街はナショナルチェーンが少なく、それぞれの店や人とのつながりがベースになっているので、ちょっと仲良くなると、商売のやり方なんかを教えてくれる。ですから、自分でもプロジェクトを立ち上げてみようと思えるんでしょうね。

中村　商店会長からの号令でみんなが動くというのではなく、それぞれが個々で動いて、そこでコンテンツが生まれていくというのは、とても現代的ですね。商店街を盛り上げるとてもいい動きだと思います。

（二〇一七年一月一一日　松陰会館にて）

中央ラインモールプロジェクト

中央ラインモールプロジェクト

ダイバーシティのあるチームだからこそできる地域に根差すまちづくり

大澤実紀／株式会社　ＪＲ中央ラインモール　代表取締役社長

聞き手　中村真広

大澤実紀 /Minori OSAWA

1988年東日本旅客鉄道(株)入社。大学時代に建築を専攻し、入社後は駅設備改良や商業施設等の建設に携わる。2014年より(株)JR中央ラインモール代表取締役社長を務める。

高架下の空間を有効利用することからまちづくりを始めた中央ラインモールプロジェクト。長期間かつ社会的な性格をもつ高架下開発事業ならではの、地域を巻き込む戦略や、プロジェクトがブレないための工夫、さらにダイバーシティのあるチームが生まれた背景やそのまちづくりについて(株)ＪＲ中央ラインモール 代表取締役社長 大澤実紀氏に尋ねた。

高架下スペースを利用したまちづくり

中村 (株)ＪＲ中央ラインモールはＪＲ東日本中央線の高架化、つまり連続立体交差事業によって生まれる高架下スペース（七万平方メートル）の有効利用を図ることを目的として、二〇一〇年一二月に設立したとお聞きしています。まずはこれまでの開発概要からご説明いただけますでしょうか?

大澤 弊社は、中央線三鷹～立川間連続立体交差事業により生まれた駅・高架下スペースを利用して、地域に根差した新たな価値を創造し、

ＪＲ中央ラインモール会議室にて行われたインタビュー風景。右から２番目が大澤氏、左端が中村氏

JR中央ラインモールプロジェクト

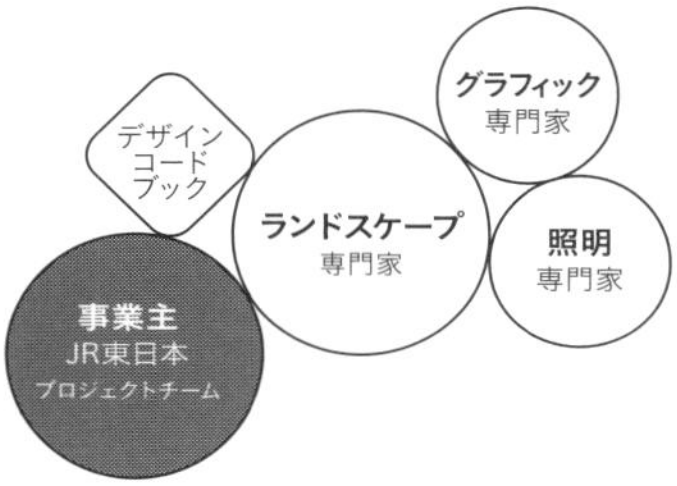

2010-

2010年2月JR中央ラインモール設立。ランドスケープ、グラフィック、照明等の専門家の協力のもと、「デザインコードブック」をまとめる。

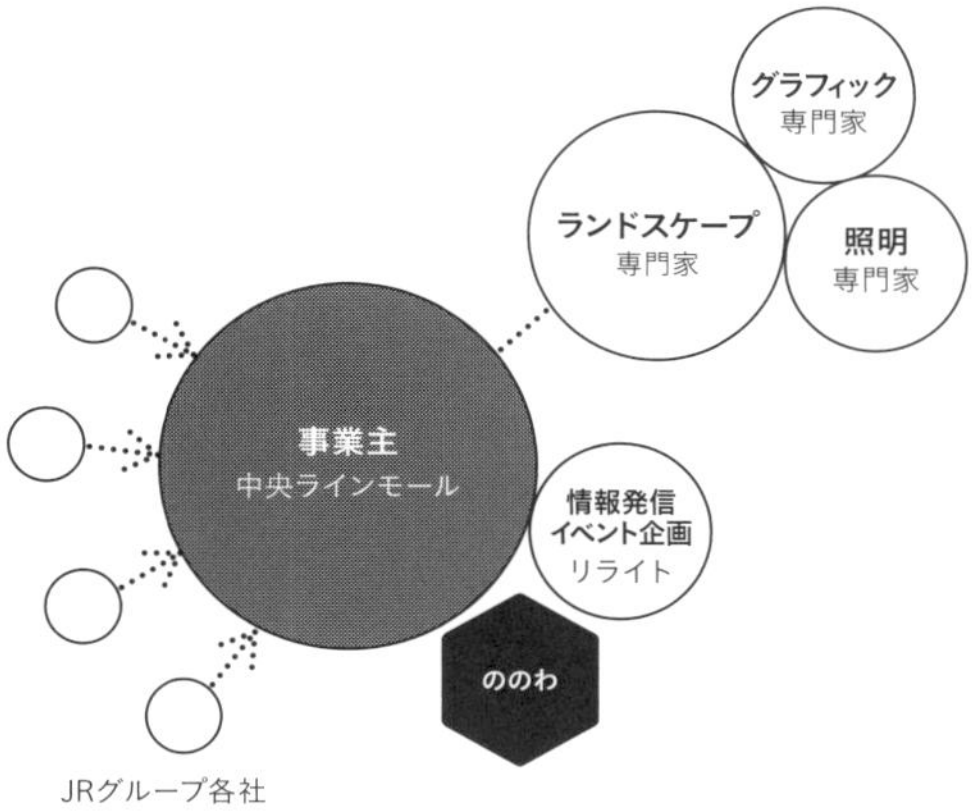

2012-

情報発信やイベントで地域住民とコミュニケーションをとりながら、事業への理解を得る。またJRグループ各社からさまざまな社員が集まる。

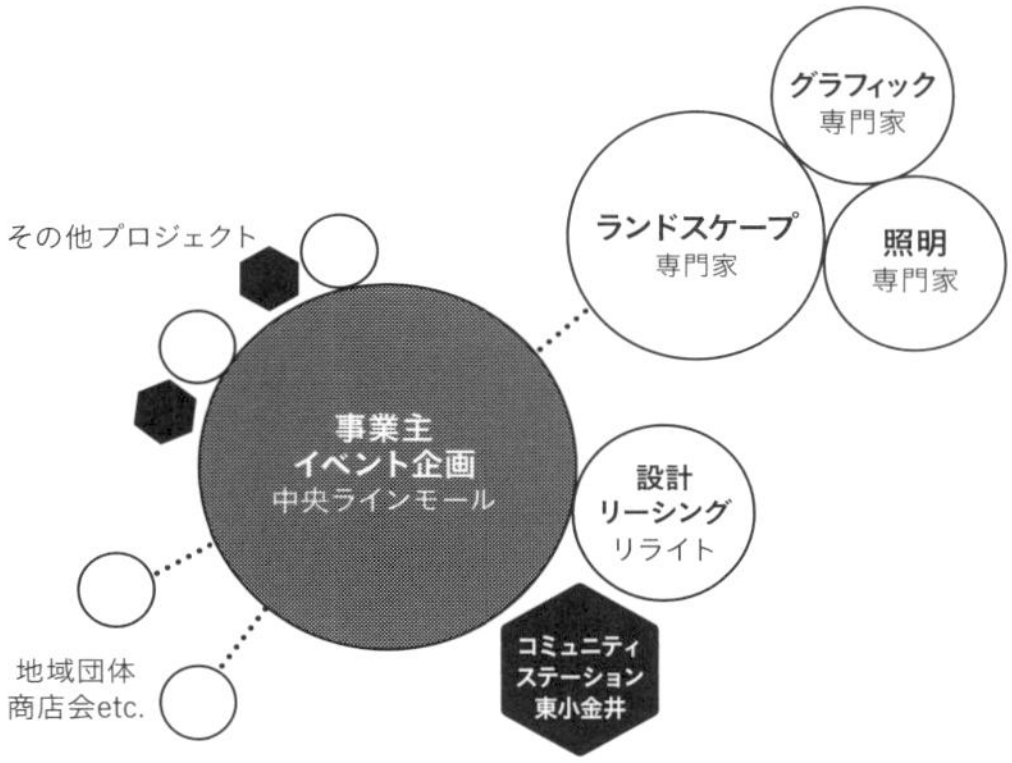

2014-

各プロジェクトの企画・運営・設計等を地域の事業者に発注。地域団体や商店会とも交流。

魅力的なエリアづくりを進めるために設立しました。

事業エリアは東区間（ＪＲ東日本 中央線武蔵境駅～東小金井駅～武蔵小金井駅）と西区間（ＪＲ東日本 中央線国立駅～立川駅）の二つの区間があります。地域の特徴としては、同じ中央線沿線の新宿や吉祥寺、立川のような商業ポテンシャルの高いターミナルエリアではなく、大学や都立公園が点在するなかに良好な住環境が広がっていることが挙げられます。

この区間において駅に賑わいをつくり、駅間にも賑わいや交流の場を広げることで沿線価値を高め、これからの少子高齢化や人口減少による環境の変化に備えていく意図もあります。

具体的には、駅とそこに接続したショッピングモールを整備、運営して地域の利便性の向上と賑わいの創出を図っています。駅間には、新しいまちの機能、子育て支援施設やクリニックモールなどを整備するとともに、コミュニティガーデン、広場を配置して、駅間への回遊性を促す歩行空間と併せて、賑わいをつなげています。ハード的な施設整備だけではなく、駅や駅間高架下スペースで地域の皆さまと連携

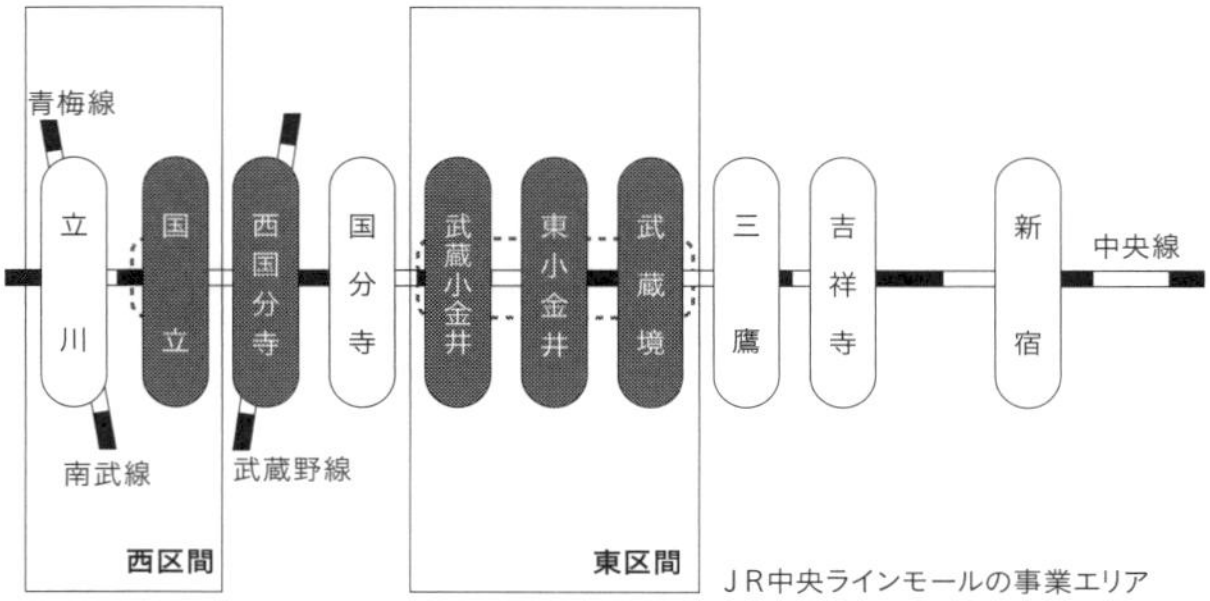

ＪＲ中央ラインモールの事業エリア

してイベントも開催し、交流人口の増加、地域コミュニティの充実を目指しています。

当初の開発にあたっては、ゾーンごとにコンセプトを設定し、行政や地域関係者と方向性を共有して進めてきました。武蔵境〜東小金井間は緑が溢れ、健康的で自然に親しむナチュラルライフゾーン。東小金井〜武蔵小金井間は落ちついた小金井のライフスタイルを大切にしながら未来に向かい新たなチャレンジを応援するゾーン。国立〜立川は伝統と文化を重視し歴史と革新を融合するゾーンです。たとえば武蔵境の西では子どもや地域の方のための広場を行政の公園と連携してオープンしたり、東小金井の東では起業する人を支援するシェアオフィス「KO-TO（コート）」「PO-TO（ポート）」を設置しています。

情報発信による地域住民とのコミュニケーションからスタート

中村　中央ラインモールのプロジェクトに加わっているリライトの籾

右：クリニックモール
左：ベンチを配した広場

山さんが、プロジェクトの準備期間として「ステップ1：種まき期」と「ステップ2：育成期」があり、ステップ1ではエリアマガジン『ののわ』の創刊やウェブサイトの立ち上げによる情報発信、ステップ2では沿線住人のクリエイターや文化人によるトークイベントやワークショップの開催などによる仲間探しを行なったとおっしゃってました。

それを読んで、最初に『ののわ』の配布という情報発信から始めたのが、たいへん斬新だと思いました。フリーペーパーをつくることで「この場所はこんなふうになっていますよ」と伝え、地域の人を巻き込みながら、ソフトを耕しつつハードの開発を加えている。

再開発ではまずはドン、とハードをつくってしまい、そのあとで「こんなものができました」と発表する流れが多いと思いますが、中央ラインモールではかなりていねいに地域の方に説明をし、共感を得ながら進めているように思います。

高架下開発だからこそ、このようなデリケートな進め方が必要だったのでしょうか？

大澤　中央線の三鷹～立川連続立体交差事業は、東京都が事業主体と

『ののわ』創刊号
（2012年11月号）表紙

なって施工した都市計画事業であり、さらに駅周辺の再開発、区画整理、駅前広場整備事業なども併せて進められてきたことから、そこで生まれた高架下スペースの活用についての地域の方の関心はとても高いものでした。

高架下の活用方針を行政や地元関係者と共有することには時間が必要でした。たとえば回遊性を高めるために駅の改札口を一つ増やすことに対しても人の流れが変わり、それに伴う影響についてさまざまな角度からの議論を行いました。こうした背景から、地域の方へ直接的な情報発信をすることで、よりていねいなコミュニケーションを図ろうとしたのです。

ソフトの依頼からやがて設計の発注へ

中村　その後リライトは「コミュニティステーション東小金井」の企画立案・事業計画・設計・リーシング支援を行っていますね。

どのようなプレイヤーを巻き込んで、どのような環境をつくるの

「コミュニティステーション東小金井」(企画・設計：リライト、2014年)。地元の飲食店や雑貨店が入居し、店先の路地や店内では定期的に地域コミュニティイベントが開かれる

か、というプロジェクトの入り口から関われる設計事務所、ないしはデザイン集団があれば、設計もスムーズに進みますよね。たまたまライトが中央線沿線を活動のベースにしていて、地域のつながりも多かったことも大きいのではないかと思います。

中央ラインモールプロジェクトではハードの設計はどのように進められているのでしょうか?

大澤 設計に関わる方には、中央ラインモールプロジェクトの理念や全体計画をデザインコードに落とし込んだ「デザインコードブック」を共有して設計をしていただいています。さらに建物ごとの細かなプランやデザインについては、運営場面をイメージし、運営する方の意見を尊重して進めています。

ローコストを目指して無駄なく、デザインの力でいかに工夫するか、それには設計者の力が大きく関わってきます。

インキュベーションオフィス「PO‐TO」は、一般的な中廊下型ではなく、それぞれ外部に入り口をもつプランにしているので、オフィスの賑わいが道路側に染み出すような面白い空間が生まれました。共

インキュベーションシェアオフィ「PO-TO」。隣り合う部屋をつなげることで、利用者同士のコラボレーションを意図している

有スペースの外部通路もベンチや植栽のデザインが活かされています。

「デザインコードブック」で長期間ブレない工夫を

中村　事業は非常に長期間にわたるものでしたが、コンセプトが時間の経過に耐えるための工夫などを教えていただけますか？

大澤　開発の初期段階に、ランドスケープ、グラフィック、照明等の専門家の協力を得て、先ほどの「デザインコードブック」をまとめました。開発の担当者が入れ替わってもブレないようにするための工夫です。

この「デザインコードブック」は「緑×人×街つながる」という中央ラインモールプロジェクトの理念をデザインに落とし込んでいるものです。

私たちは、このプロジェクト理念を引き継ぎ、「武蔵野の〝輪・和〟になりたい」という思いを加えて、「nonowa」というブランドで事業を行なっています。

中村　なるほど、プロジェクトチームの拠り所として「デザインコード

開発初期段階で作成された「デザインコードブック」

ブック」があるんですね。具体的な高架下空間の整備とその際の「デザインコードブック」の使われ方を教えていただけますか？

大澤　高架下の回遊歩行空間「ののみち」の整備では、側道を整備する行政とも連携しながら緑豊かで歩いて楽しい弊社らしい空間づくりに取り組んでいます。「デザインコードブック」には、武蔵野の緑や自然を手本とする植栽計画や、照明計画、中央線高架橋の美しい納まりの土木デザインが記載されています。

植栽では武蔵野に自生していた植物を中心に、高架下という特性から耐陰性の植物一〇〇種類を選び、四季の移ろいと雑木林に見られる自然の美しさを感じられるようにしています。また歩道の脇にはガーデンやベンチを置いて散歩のときにくつろげるものを点在させ、「武蔵野」を感じさせるものとしています。

サインや説明用のボードに使用するピクトグラムのトーン＆マナー、色彩計画のほか、設置する距離感や、記載する情報なども「デザインコードブック」にまとめ、オリジナリティの演出を図っています。ボードにはまちの歴史や逸話なども掲載し、高架下に点在させ土

右：「ののみち」では武蔵野の自然を手本とした植栽が配されている
左：ピクトグラムのトーンが統一された説明用のボード

地の記憶の継承も図っています。
「デザインコードブック」をまとめる際に議論してきたことが今、実際にかたちになってきていると感じています。

ハードとソフトで東西南北をつなげる

中村　中央ラインモールのプロジェクトでまちがどのように変化してきたかを教えていただけますか？

大澤　「ののみち」は、開業当初はほとんど誰も歩いていませんでしたが、動線も徐々に変わり、人通りが多くなりました。出店していただいた皆さまにもたいへん喜んでいただいています。高架化前は踏切で足止めされてしまっていたところも通行がスムーズとなり、南北での一体化も進んできたように思います。

南北のエリア同士や沿線東西をつなぐイベントを企画し、その際に、武蔵野市とJR東日本グループが共同でつくった「武蔵境ぽっぽ公園」や「コミュニティステーション東小金井」が物理的な核として

汽車をモチーフにした遊具や実際に使用していたレール、枕木などを活用し鉄道をテーマにした「武蔵野ぽっぽ公園」。JR東日本グループと武蔵野市が連携して整備した

機能しています。また、高架下で活躍する地域プレイヤーが開催するワークショップやイベントによって、交流人口が増えていくことも期待しています。

中村　まず高架化で南北がつながり、これからは東西へとエリア同士をつなげていこうとしているのですね。

大澤　駅周辺では区画整理や再開発事業、駅前広場整備事業も進んでいることから、地域のインフラがいっそう整備され、マンションも増え、武蔵野、小金井エリアでは駅の乗降人員が増加してきました。

　子育て世代や高齢者が増えているので、そういう方たちに向けたサービスにも挑戦していきたいと思っています。

また、中央線沿線はサブカルチャーが息づき、生産緑地を中心とした都市農業や園芸、学生や若い世代など多様な価値観があり、文化が根付いています。幅広い地域の方々と地域の活性化、コミュニティの充実を実現していきたいと思います。

中村　間口を広くもち、ターゲットに合わせたプレイヤーをいかに巻き込んでいくのか、本当にプラットフォームとしての役割を果たされているのですね。

社内がダイバーシティなので多様な地域プレイヤーとつながれる

中村　武蔵境・東小金井・国立駅の駅社員はショッピングセンターの運営管理もされているなど、ＪＲ東日本のこれまでの業務内容からかなり裾野を広げた活動をされていると思います。どういう社員が集まって、体制がつくられたのでしょうか。

大澤　弊社は、ＪＲ東日本のグループのなかから公募制で手を挙げたやる気のある社員を中心にスタートしました。その後、地域と連携し沿線活性化を目指すプロパー社員が加わり駅業務、小売業、ショッピングセンターなどさまざまな経験を積んだ社員が集まっています。

最初は情報発信からスタートしましたが、最近はこうした多様な社員の力を活かして、地域のプレイヤーと一緒に地域連携イベントを行うようになりました。ユニークなところでは、地元大学やＪＲ東日本の

JR中央ラインモール社が運営管理を行う「nonowa武蔵境」

ランニングチームと地域をめぐるランニングイベントを開催しました。

中村　社員もまったく異なる業種の方が集まっているので、マネジメントやチームビルディングも難しいのではないでしょうか。

大澤　最初はみんな混乱していましたね（笑）。それぞれのターゲットや価値観も異なりますから、すべてを一気に同じ言葉で結ぶのは難しいと思っています。個々の能力とポテンシャルを上げてそれぞれの力を活かせる会社を目指しています。

違った業種でキャリアを積んでいると、使う言葉が違いますし、考え方の順番や、得意なことが異なります。たとえば地域プレイヤーやファンとコミュニケーションを取るのが得意な社員もいるし、安全とリスク管理を得意とする社員もいれば、まずはチャレンジする行動的な社員もいます。互いを認め尊重して意見を出し合い、取りまとめて実績を重ねていくことが大切です。

中村　社内はどのような組織で形成されているのでしょうか。

大澤　社内は、ショッピングセンター・駅運営と地域連携を担う三つの駅拠点「nonowa（ノノワ）」と、営業、開発、業務推進の三つの本部からなる本社部門とで構成されています。

営業本部では、武蔵小金井、西国分寺の二つのショッピングセンターを直接運営するとともに、拠点の駅、ショッピングセンター、地域連携のサポート、新規事業なども担っています。

開発本部では、今後も進む駅間高架下や駅部の開発、施設や用地の保守管理を担い、業務推進本部が総務・財務などを担っています。

JR東日本グループ全体でもショッピングセンターと駅運営を一緒に行っている会社は珍しいです。

中村 社内で地域に対してプロジェクトを立ち上げるときには、最初にビジョンを決めるのでしょうか、それともミーティングを重ねながら徐々に決めていくのでしょうか?

大澤 駅を中心としたインフラをもっていることが強みなので、鉄道を使って人に来ていただくこと、地域の方に住んで良かったと感じていただくこと、駅を中心に回遊性が高まることがテーマになります。そのために交流人口の増加や、地域の文化や産業の発展、地域の方の住みやすさにつながることを大枠の方向性として提示しています。自分たちだけでできることは限られているので、その方向性のなかで地域プレイヤーや取引先などと連携して取り組むことにしています。

イベントへの集客数や、地元協議会での地域の方の声などをもとに社内会議で意思の疎通共有を図りながら、修正して進めていきます。告知し過ぎて、イベントがすぐに埋まってしまったり、逆に行き届かなかったり、複雑な仕掛けになり過ぎて伝わらなかったなどの失敗例もたくさんありますが、できるだけ多くの社員がそうした経験から地域活性化の企画や運営の力を伸ばすことができれば良いと思っています。ですから、拠点社員の発想を実現化することを心掛けています。

中村　拠点「nonowa」に各地のイベントも任せているのでしょうか?

大澤　本社で企画運営するものもありますが、拠点の各「nonowa」で企画・運営しているものも多くあります。本社・拠点一体となって多彩なアイデアや想定リスクを出し、アイデアや課題の背後にあるものを互いに理解して、イベントや沿線活性化プロジェクトを〝かたち〟にしています。

中村　会社自体がダイバーシティのあるメンバーで構成され、さらにほかの地域プレイヤーを巻き込み、商店街とも関係をつくっていく。みなさん自身にダイバーシティがあるので、まちのいろいろな方と接点をもてるのだと思いました。

高架下の有効活用としてスタートした中央ラインモールプロジェクトは、駅や高架下活用のもつ社会性、時間軸によってダイバーシティのあるチームを育み、多面的な地域社会との接点を核としたまちづくりへと進化していることがわかりました。

（二〇一七年九月一三日　ＪＲ中央ラインモールにて）

Chapter 2

公園をプロデュース

1 南池袋公園

2 都市公園

南池袋公園

南池袋公園

地元とともに公園を運営する

平賀達也／株式会社 ランドスケープ・プラス 代表
小堤正己／豊島区 都市整備部公園緑地課 課長
加瀬 泉／豊島区 都市整備部公園緑地課
聞き手 西田 司

平賀達也 / Tatsuya HIRAGA（左）

1969年徳島県生まれ。1993年ウェストヴァージニア州立大学ランドスケープアーキテクチャー学科卒業後、（株）日建設計ランドスケープ設計室の勤務を経て、2008年（株）ランドスケープ・プラス設立。現在、同社代表取締役。

小堤正己 / Masami OZUTSUMI（中）

1962年埼玉県生まれ。芝浦工業大学卒業後、1986年豊島区役所入庁。

加瀬 泉 / Izumi KASE（右）

1989年東京都生まれ。東京農業大学卒業後、2014年豊島区役所入庁。

世代を超えて多くの人が集い、その人気の高さでメディアでも注目を集める「南池袋公園」。成功の秘密を豊島区役所都市整備部公園緑地課の小堤正己課長と加瀬泉氏、公園のデザインだけでなく全体の総合プロデュースも任されたというランドスケープデザイナーの平賀達也氏に尋ねた。

池袋副都心のマスタープラン作成から公園の位置付けを行なった

西田　二〇一六年四月にオープンした「南池袋公園」は、世代を問わず多くの人が集い盛況なイベントが催される、近年稀に見る成功を収めた公園です。この公園が現在のかたちになるまでの経緯を教えていただければと思います。

小堤　豊島区は一九四五年の城北大空襲で約七割が焼けてしまい、戦後に区画整理されました。そのときに、散らばっていた寺が南池袋周辺に集められ、余った場所が公園になったんです。当時は池袋駅前が

「ラシーヌ　ファーム　トゥーパーク」にて行われたインタビュー風景。右から加瀬氏、小堤氏、平賀氏、西田氏

南池袋公園

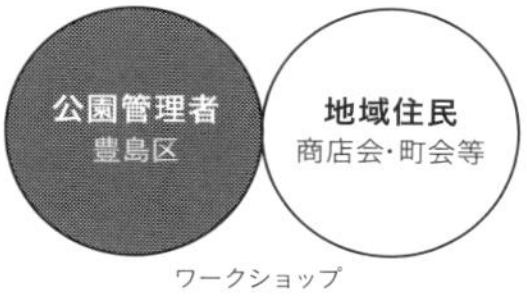

2007-

地下変電所設立計画が立ち上がり、「南池袋公園」のリニューアル計画が動き出す。地域住民とワークショップ形式で基本計画案を策定するも頓挫する。

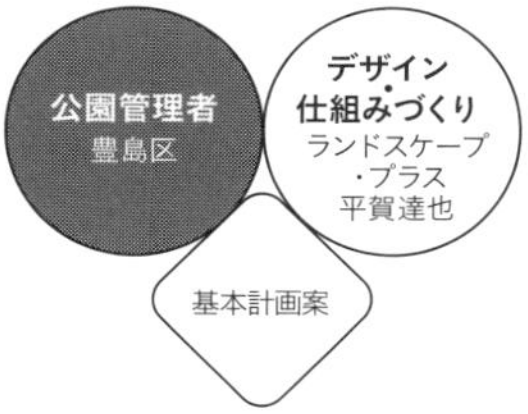

2013-

ランドスケープ・プラスの平賀達也氏に頓挫した基本計画案をもとに南池袋公園の設計を依頼。公民連携の仕組みづくりとして「南池袋公園をよくする会」の設立検討を開始する。

2016-

公園リニューアルオープンと同時に「南池袋公園をよくする会」を発足。運営費はカフェ事業者からの寄付金である地域還元費で賄う。

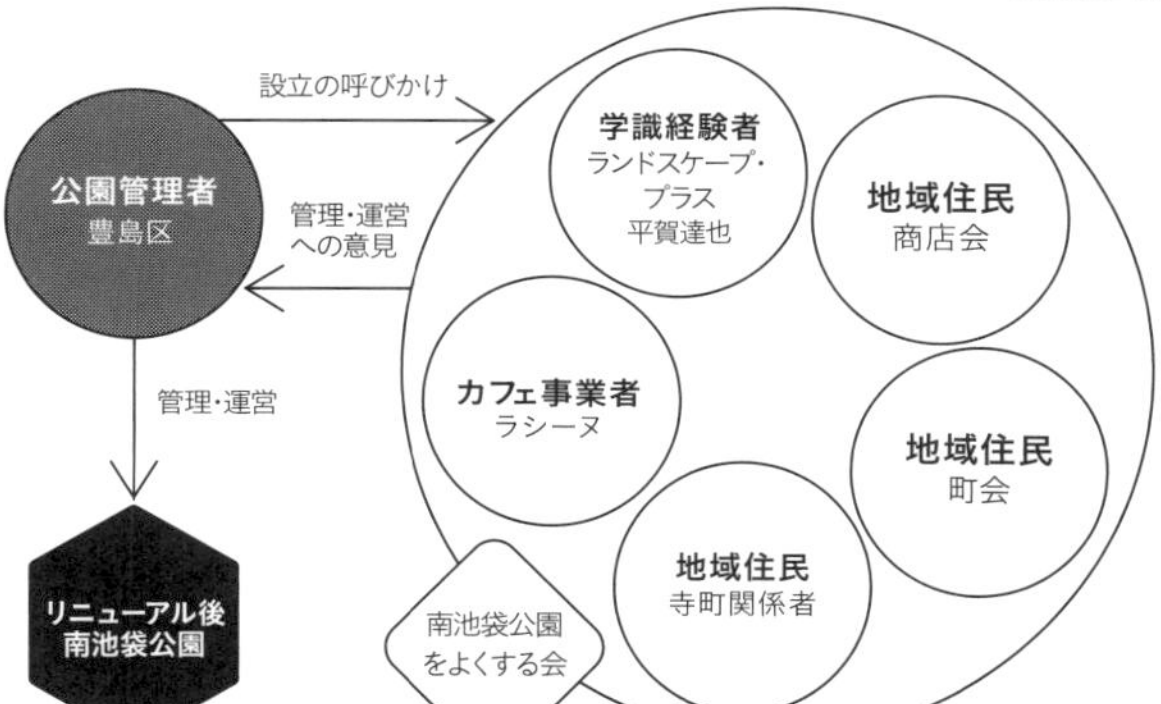

闇市で、その後、商店街になりました。ですから公園を挟んで寺と商店街が近接しているんです。

前々からこの公園の利用については、寺側と商店街側は睨み合っていて、商店街は週末に公園でイベントを催したいし、寺は法要なので静かにしてほしい、と両者の意見が相反していました。

公園はホームレスの小屋に占拠されており、地元民に愛されているというには程遠い状態でした。そのような状況のなか、東京電力から公園地下に変電施設を建設したいと申し出があり、区として将来的な公園のビジョンを打ち出す必要が生まれました。ただ地元説明会を開いてもなかなか意見はまとまらないし、当然いい絵も浮かばない。そこで平賀さんに入っていただいたという経緯です。

平賀　私はその頃、隈研吾さんや日本設計さんと一緒に豊島区新庁舎の設計に携わっていて、高野之夫区長から区が直面している財政難の状況や、それらを打開するさまざまなアイディアを直接お聞きしていました。そして新庁舎の計画が軌道に乗った二〇一三年に、「南池袋公園」について提案をいただけませんか、と区長から声を掛けていた

左：「池袋副都心マスタープラン」（ランドスケープ・プラス、2013年）で「アーバンホワイエ」と位置付けられた「中池袋公園」
次頁右：同じく「アーバンダイニング」と位置付けられた「グリーン大通り」
次頁左：「アーバンリビング」と位置付けられた「南池袋公園」

だいたのが始まりでした。

そもそも豊島区新庁舎は、建設予定地にあった小学校や児童館跡地を新しくできる庁舎の床に権利変換することで床面積の四割ほどを無償で取得し、残りの六割は旧庁舎跡地を民間事業者に貸し付けて賄うという、ある種リスクの伴ったスキームでした。区長が自ら大手ディベロッパーに旧庁舎跡地の公募に応じてほしいとトップ営業に回られるのですが、彼らからは池袋副都心エリアの将来的な展望を求められるわけです。そこで、私の事務所に池袋副都心のマスタープラン作成の依頼があったのです。

私からは、豊島区が管理する公園や道路を民間の力を使って活用し、時代の気運に合ったパブリックスペースを創り出すことを提案しました。池袋駅の半径五〇〇メートル圏内にある三つの公園とそれらをつなぐ街路を使って、緑のネットワークをつくろうというものです。池袋全体を人が主役となる回遊性のあるまちにするため、旧庁舎跡地に隣接する「中池袋公園」は「アーバンホワイエ」に、「グリーン大通り」はオープンカフェのある「アーバンダイニング」に、「南池袋

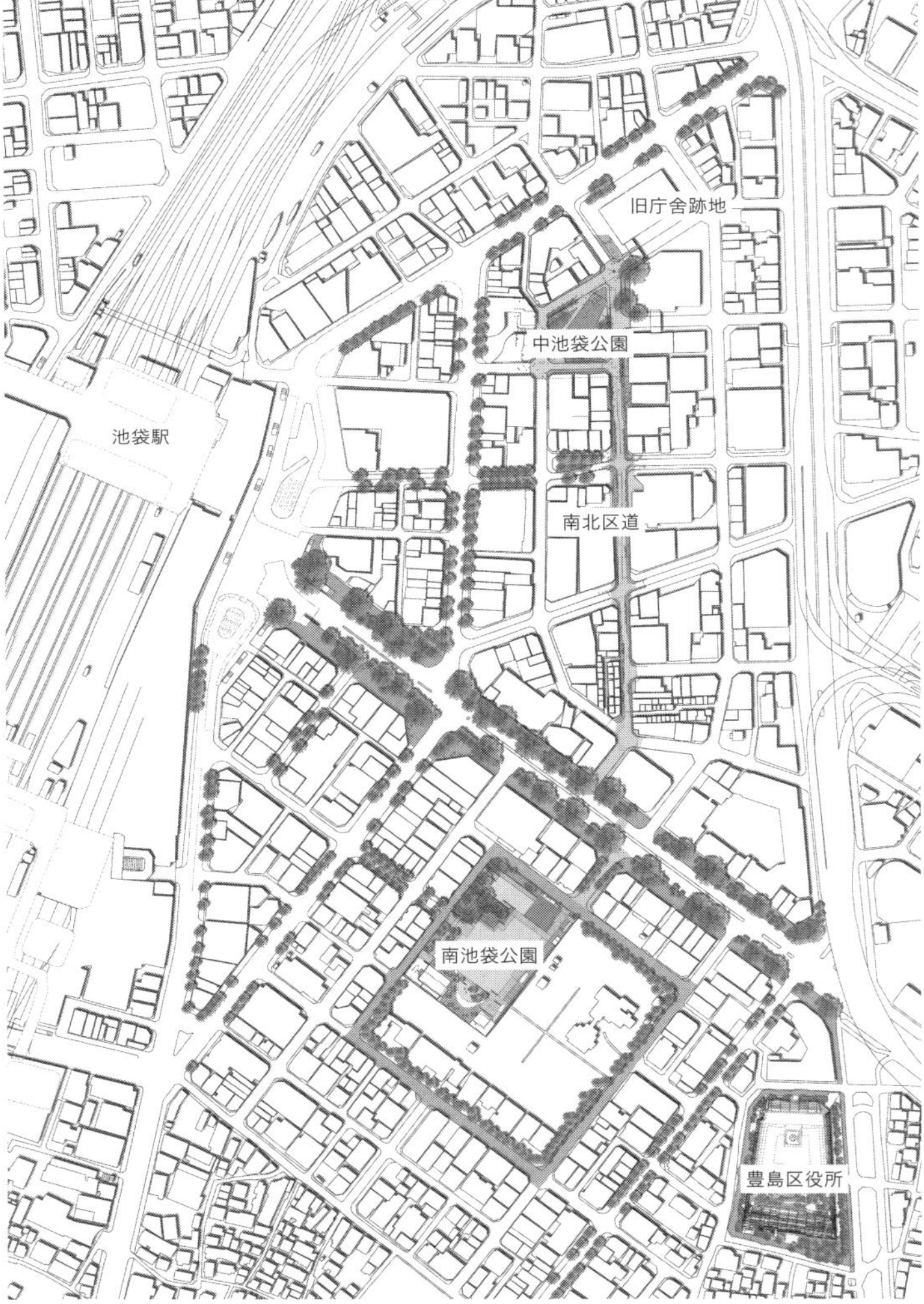

旧庁舎跡地と新庁舎を緑でつなぐ「池袋副都心マスタープラン」

公園」は歴史のある落ち着いた場所にあるので地域住民がリラックスしながら賑わいをもつ「アーバンリビング」とするなど、それぞれのエリアにテーマを与えました。

西田　その後、区が公園のビジョンについて調整を図られていたなかで、途中から設計者を入れる判断をされたのはなぜでしょうか？

小堤　地元説明会は三回、地元の意見を聞きながら公園のイメージ図を描くワークショップも二回もったのですが、意見がまとまらなかったんですね。ホームレスが集まるような状態には戻してほしくはないが、それ以上の公園への期待はなかったのだと思います。そのような状態を打破していただきたくて、区長から平賀さんにお声掛けをしました。

平賀　状況が状況なだけに、当初は区からもあまり期待されていなかった気がします（笑）。区の関係者には公園内にカフェ施設を導入した台東区の「隅田公園」や世田谷区の「二子玉川公園」、そして墨田区内の公開空地を活用した「やっちゃば」というマルシェ運営の活動などの先進事例を視察していただき、高い目標を共有するための認識づくりからスタートしました。またその後、横浜市の「日本大通」

や、広島市京橋川敷のオープンカフェの社会実験も調査していただきました。庁舎竣工一年前の二〇一四年には池袋駅と庁舎をつなぐ「グリーン大通り」でもオープンカフェの社会実験を行ない、国家戦略特区の認定も無事取得できました。

最悪な状況ゆえに編み出した「南池袋公園をよくする会」が新しい公園を生んだ

西田　「南池袋公園」が成功した理由はなんだと思いますか？

平賀　まず、スタートがとても最悪な状態だったのが、逆に良かったんじゃないかと思います(笑)。地元の声を聞くと区に対する文句ばっかりで、区の公園管理責任者である石井部長が常に矢面に立たされていて、それはフェアじゃないだろうと。であれば地元の方々が自分ごととして実際に公園に参加できる状況をつくったほうがいいと思い、地元の人たちで公園を運営できる仕組みを提案しました。それが現在、「南池袋公園をよくする会」（以降「よくする会」）と呼んでいるものです。

西田　それまで日本でそのような事例はなかったですよね。

平賀　初めての試みではないでしょうか。本来であれば公園でのイベント実施決定の権限は行政にあるのですが、公園で実施するイベントそのものが地域のためになるのかどうかを地元の代表組織である「よくする会」が判断して区へ上申できる仕組みとなっています。これは私たちがフィルター機能と呼んでいるものですが、「よくする会」は公園でのイベントが地域のためになるものかどうかを審査するだけでなく自らが地域のためになるイベントを行う役割を担っているのです。

　地元の皆さんが困っていた炊き出し支援者などに対して、本来行政は「ノー」を言えないんですね。ただ、地元の総意として「ノー」が言えたら、行政も大手を振って「ノー」と言えるし、「ノー」と言った地元としても公園の運営に関わらざるを得なくなる。それがブレイクスルーのきっかけでした。

　ただそのような組織を立ち上げると、運営費が必要になります。台東区が「タリーズコーヒー」と組んだ「隅田公園」のスキームを参考にして、カフェから売り上げの一部を地域還元費という名のもとで「よくする会」に寄付してもらっています。貸床面積の小さい「タリーズコーヒー」では五％の地域還元費を徴収していましたが、「南池袋公園」ではカフェの店舗規模や公園の収支計画から〇・五％に設定しています。

カフェを公園内につくるということにも高いハードルがありました。公共の施設に特定の営利団体を入れるのはいかがか、ということです。区としては、区民の代表機関である議会にどのように賛同してもらえるかということに尽きるんですね。東日本大震災のとき、池袋駅は帰宅困難者で溢れかえってしまって、国土交通省からひどく叱られたそうです。そんな経緯があるので、カフェの店舗設計に防災倉庫を組み込み、災害時には炊き出し支援のできる施設としてカフェをつくるという名目にしました。

その一方で、地元に対しては、カフェという賑わい施設によってホームレスなどが入りづらい状況をつくるという説明をし、それがうまくいったんです。

「南池袋公園」プラン（事業主：豊島区、総合プロデュース：ランドスケープ・プラス、カフェ企画：船場、ランドスケープ・デザイン：ランドスケープ・プラス、建築：久間建築設計事務所、照明：トミタ・ライティングデザイン・オフィス、サイン：氏デザイン、2016 年）

カフェの出店にあたっては船場さんという商業コンサルタントに参画してもらい、地元で頑張っているカフェオーナーさんたちにヒアリングを掛けてもらいました。坪単価で一万五千円くらいであれば手を挙げてくれそうだったので、その賃料を固定にしてカフェ出店のプロポーザルを実施することにし、地域貢献度や地域精通度といった評価点の割り合いを増やしました。価格競争の公募にすると、体力のある大手チェーン店しか手を挙げられないのです。カフェの代表者には「よくする会」のメンバーに入ってもらうことを決めていたので、豊島区のパートナーとして、最後まで逃げないでやってくれる地元に根差した経営を行う民間事業者を選べるプロポーザルにすることが重要だったのです。

公園がオープンする一年前に官民連携による新庁舎が実現して、このエリア一帯が良い方向に変化していくのではないかという期待感が生まれ、行政・地元・カフェ事業者の皆さんが覚悟をもって公園運営に臨めたことも大きかったと思います。

カフェ「ラシーヌ ファーム トゥー パーク」

公園緑地課の意識も、管理から運営へと変化した

平賀　「南池袋公園」のグランドオープンのとき、一番喜んでいたのは公園緑地課の皆さんでしたね。

加瀬　石井部長もオープン当日に本当に人が集まるのか不安で、恐る恐る覗き見るような感じだったそうです。

西田　公園緑地課は通常、樹木のメンテナンスや遊具の危険性をチェックするような、管理側からの目線ですが、ここでは運営側の、それもかなり積極的な意識をもたれてますよね。そのマインドは行政内で非常に理解されにくいものだと思いますが、いかがでしょうか。

加瀬　本当にそう思います。皆がくつろいでゆっくりする、というところまでは何とか考えられるのですが、このような賑わいが生まれ、ワクワクするような公園ができるとはなかなか想像できませんでした。うまくいくのか心配でしたし、実際に期待度は低かったと思います。ただできあがってからは、公園への期待がまったく変わりました。

西田　デザインや空間づくりに対する期待ももっていなかったという

ことでしょうか?

加瀬　デザインがその先の使われ方につながるかどうかはわからなかったですね。通常、反対する人の声しか、行政側には伝わってこないんですよ。公園では、タバコが煙い、子どもの声がうるさいなどのクレーム、ひいては張り紙や、看板を入れろなどという要求ばかりが聞こえてくる。でもここは、看板を立てたくないという雰囲気を来る人も理解してくれるんですね。ですから、こういうふうに成功した公園を見て始めて、こんな公園ができるのだと理解できました。

平賀　毎月一回メンバーが集まる「よくする会」の役割も大きいですね。地元のメンバーから迷惑行為に関しては「僕らが一声掛ければいいよね」という声が上がってきて、これダメあれダメといった無粋な禁止看板など立てずに済んでいます。

加瀬　芝生の養生で立ち入り禁止にしていることも、来てくださる方のなかには反発の声が上がることも多く、行政だけでそれを押し切るのも難しいのですが、「よくする会」がきちんと意思をもって徹底していただけると押し切ることもでき、やがて浸透していくんですね。

またわれわれ行政側も、張り紙などではなく公園の利用者目線に立ったメッセージの伝え方が上手くなっているのもあると思います。これはカフェの協力がなければできなかったことだと思います。

小堤　役所のなかでも、今までであれば、ワークショップを導入して完成させたら、地元の人たちの意見を聞いて、一緒につくったんだという部分だけで満足して終わってしまっていました。その後は町会や商店街に使われ方を丸投げするだけですから、定型的な使われ方で終わってしまうことが大半です。今回は「よくする会」までできたので使われ方の自由度も高くなりました。

空間づくりと仕組みづくりをイーブンに扱うのが大切

西田　使われ方も、公園に来られる方も非常に多様ですね。

平賀　豊島区が二〇一四年に日本創生会議から「消滅可能性都市」と指摘されたとき、高野区長は逆に「持続発展都市」を目標に掲げ、子育て世代の女性の意見やニーズを掘り起こすために「としまF1会[1]

芝生への立入りを禁止する張り紙。利用者の心情を考え文面を考えている

議」を立ち上げたんです。公園の設計にも組み込める女性支援がないかと、私にもF1会議への参加が要請されました。そこで週末にゆっくりとビールを飲みながら子どもを遊ばせられる場所が欲しいというリクエストがあって、カフェのテラスからお母さん方が遊んでいる子どもたちを眺められるようなデザインが生まれたのです。

西田　このように芝生を挟んでカフェと遊び場が対峙している構成や、この距離感はちょうどいいですよね。ほかに何かデザインで意識されたことはありましたか?

平賀　現場を見たときに、圧倒的に空が広いと思いました。日本一の高密都市池袋にあって、この空こそが地域の財産ではないか、それを残したいと。また、東京電力の変電所工事後に埋め戻された土が樹木の生育に不向きな砂質系だったので、芝生を選定せざるを得なかったという経緯もあります。ただ通常であれば芝生なんてあり得ないという判断になったと思います。

西田　芝生には金が掛かるというイメージがあって、二の足を踏む行政も多いと思いますが、その辺りはいかがでしょうか?

芝生広場に面し、右手にカフェ、左手にサクラテラス

[1] F1
広告・放送業界のマーケティング用語で20歳から34歳までの女性のこと。

小堤　「南池袋公園」では東京電力の変電所の地代が年間約一五〇〇万円、カフェの賃料が一二〇〇万円、有楽町線の占有料が約三〇〇万円と年間で約三〇〇〇万円の安定収入があります。さらにカフェからは坪単価二五万円以上の売り上げがあった場合にその一〇%を歩合でいただいています。カフェ二階裏手には公園管理事務所があり、植栽管理の委託契約を結ぶ会社が常駐していますが、植栽管理の委託費用を引いてもまだプラスになるんですね。

平賀　「よくする会」を立ち上げたときには、会の目的がまだ曖昧でした。この一年半の間、喧嘩もあったし、毎回、進行役として出席する私も正直気が重かった。最近ようやく目的が見えて来ました。当初は「よくする会」が地域の賑わいを創り出していかないといけないと考えていましたが、公園の価値を持続していくのに必要なのは、新たな公園の象徴である芝生を守ることだとわかったんです。「よくする会」はそれをきちんと実行していく。そしてイベントは区が民間に発注するかたちを取ることになり、現在、「オープン・エー」の馬場さんや「まめくらし」の青木さんが共同代表を務めるＰＰＰエージェント

公園の工事はできるだけ地元企業に発注しており、水飲み場や手摺などの鋳物は池袋に本社がある三和タジマ(株)に、芝生の基盤は北大塚に本社がある東邦レオ(株)に依頼している

組織「nest」に委託しています。

オープンしてからのこの一年間、豊島区も地元も何をしたらいいのか、悩みながら走り続けてきました。この公園には国内外から多くの方が視察に来られますが、皆さんには「南池袋公園」の真似をそのましても絶対に上手くいきませんよ、それぞれの地域で抱えている問題も異なるし地元の皆さんで独自の解決方法を考えないといけないですよ、と伝えています。

西田 平賀さんのそのような意識は、デザイナーとしては貴重なスタンスだと思います。

平賀 空間づくりだけでなく、次の時代を担える仕組みづくりをデザインすることも、デザイナーの重要な役割だと考えています。

西田 「よくする会」の司会進行もされてましたよね。

平賀 その経験値が自分の事務所のこれからにつながると思うんです。グローバルに支持されるようなローカルな価値をどうつくっていくのかが、行政でも民間でも大事だと思ってます。成熟社会に入っていく日本では地域の価値をどう高めていくか、その手法を誰もが模索していますから。

西田　その際に、デザインや設計はどのような役割を担うとお考えですか？

平賀　空間づくりと仕組みづくりがイーブンでないと、これからの時代は絶対ダメだと思います。今までのワークショップだと空間づくりが先行してしまい、地元が仕組みづくりに入り込む余地がなく、ただワークショップで意見を出すぐらいしかできない。現行のルールのなかで予定調和的な議論をする方法では、本当の意味での社会問題の解決には至らない。「南池袋公園」では地元が抱える問題の解決について、空間づくりと仕組みづくりを同じ重要度で進められたのが良かったのではないでしょうか。

西田　先日、お昼頃にこの公園を訪ねたら、近隣のＯＬさんがわーっとランチに溢れ出てきて驚きました。まるで、自然に触れる機会を体が欲求しているような感じがして、都市にある自然って、こんなふうに人の自然と共生する感覚を回復させていくんだなとすごく思ったんですね。

平賀　私はランドスケープの専門家なので、都市に豊かな自然を創り出すことはプロとして当たり前のことだと思ってるんです。それよりも、でき上がった空間が持続的な価値を生み出し続ける仕組みを同時にデザインしないといけない。そのためには、公園空間の設計だけでなく、都市経営のビジョンをもって新たな公園運営のルールを提案するなど、総合プロデューサーの立場で関われたことは大きかったですね。

公園設計では、豊島区に所縁のある素材や人材を優先的に採用できる発注仕様にしています。本来の公共工事とは、地域の経済成長や人材育成を支援する機会であるべきだと考えたからです。そして新たな制度設計によって、カフェ事業者やカフェで働くスタッフが豊島区民で構成される事業者が選定されました。またイベントでも豊島区で商売している店舗が参加してくれていますし、まさにオール豊島で公園ができ上がっています。私がさっき言ったようなグローバルに支持されるローカルな価値ってまさにそういうものなのです。

遊具のあるキッズテラス

行政は工事発注から汗をかかないといけない

小堤　「南池袋公園」ができてから、区長も公園を使ってもっと池袋のまちを賑わせていこうと、二〇一七年度に「中池袋公園」と「池袋西口公園」、造幣局東京支局跡地に新しくつくる「造幣局地区防災公園（仮称）」の四つを合わせた「四つの公園整備構想」という施策を打ち出したんです。それぞれの公園の特徴を活かしたイベントを行いながら、それらに人を回遊させ、劇場都市をつくろうという構想です。

特区認定も取得できたので、二〇一七年度から都市整備部の公園緑地課と都市計画課が合同で、「南池袋公園」と「グリーン大通り」のエリアマネージメントを行なっています。というのは、「南池袋公園」のほうが人気が高いので、マルシェもそちらを中心に出店したがるんですね。それをコントロールして「グリーン大通り」でもイベントを開催して人の流れをつくっていくためです。また「南池袋公園」は組織がきちんとできているから、地元の意見をしっかりと反映しやすくなるという目論見もあります。

平賀 造幣局跡地を防災公園にするプロジェクトでは、豊島区とURの協働により、設計・施工・管理運営を一体的に担う事業コンソーシアム選定の公募型プロポーザルを実施しています。

基盤整備を担うURが防災公園をつくったあと、豊島区が公園管理を引き継ぐかたちです。URが単独で進めるほうが楽なのですが、基盤整備をする設計者や施工者に対して、持続性のある公園経営の観点から区が要望を出せるようにするためです。

区は南池袋公園の次のステップとして、公園を日常的に利用してもらうことが災害時の一番の訓練につながるとの考えから、何もしないとただの大きな広場があるだけの防災公園を、Park-PFI[2]という新たな公園整備手法を使って、人が来て、楽しめる公園を実現しようとしているんです。

西田 公共空間というのは、管理するほうもあえて触れないほうが楽という感覚があるようですが、それを市民のステージにするという方向にシフトしているのが素晴らしいですね。

[2] Park-PFI
飲食店、売店等の公園利用者の利便の向上に資する公募対象公園施設の設置と、当該施設から生ずる収益を活用してその周辺の園路、広場等の一般の公園利用者が利用できる特定公園施設の整備・改修等を一体的に行う者を公募により選定する「公募設置管理制度」のこと。

小堤　ありがとうございます。正直言って、プロポーザルというのも、結構しんどくて。ヒアリングから始め協定書や要綱も一からつくらないといけないので、準備だけでも半年ほど掛かってしまいます。行政主体で発注して価格競争で落としていただいたほうが、レールに乗せていけるし、自分たち主導でできて楽なんですが。ただそうやって役所の感覚でつくってしまうと、ここまで新しいものはできないですからね。新しいものをつくっていただくためには、平賀さんのような良い設計者に依頼しないといけない。

するとやはりプロポーザルの準備などでいろいろと汗はかきますが、やらなきゃいけない。われわれもそんな期待を背負っている時代なんだと思います。

（二〇一七年六月六日「ラシーヌ　ファーム　トゥーパーク」にて）

都市公園

都市公園

管理者側の意識を変え、自主規制を解いていく

町田 誠／国土交通省 都市局 公園緑地・景観課長

聞き手 西田 司

町田 誠 / Makoto MACHIDA

1959年生まれ。1982年千葉大学園芸学部環境緑地学科卒業後、建設省入省。公園緑地関係を専門として、本省勤務のほか、東北・関東・近畿・中国地方の国営公園などの整備管理に携わる。2000年国際園芸・造園博ジャパンフローラ 2000、2005年日本国際博覧会(愛知万博)、2012 年全国都市緑化フェア TOKYO GREEN 2012 等の主催組織において大型イベントのプロモート、会場整備等を担当。さいたま市技監、東京都公園緑地部長、国土交通省都市局公園緑地・景観課緑地環境室長などを経て、2016年6月から国土交通省 都市局 公園緑地・景観課長を務める。

「南池袋公園」など新しい使われ方をされる都市公園が現れてきた。公園の規制緩和に携わる国土交通省 都市局 公園緑地・景観課長の町田誠氏に、規制の実態や管理の変化、またこれから目指す公園の姿について尋ねた。

都市公園法は公園の新しい使い方を阻まない

西田 現在、新しい使われ方が目立つ公園が多く見られますが、そのような変化を支える要因について教えてください。

町田 都市公園は、市区町村など地方公共団体が管理しているものが大半で、わずかに国が管理している公園もあります。全体で、全国一〇万カ所、面積は一二万ヘクタール程度にも及びます。都市公園ですから、その多くがまちなかにあります。近年民間活力[1]が進み出しているのはとくに地方公共団体の公園で、国の公園は最初から民活路線ともいえます。

公園制度の始まりは明治六年の太政官布達に端を発します。東京で

国土交通省内会議室にて行われたインタビュー風景。左から町田氏、西田氏

は上野寛永寺や浅草寺などの境内地など五カ所で公園が開設され、全国的にも旧幕藩体制の庇護のもとにあった、明治新政府所有の国有地等に公園が開設されていきました。こうした公園のなかには、公園の管理費を捻出するため、当初から料亭や茶店などが建てられ、そこから土地使用料をもらっていたものが少なからずあります。ですからよく勘違いされるのですが、都市公園法には、公園で民間が商売してはならないという定めはおろか、公園の新しい使い方を阻むものはもともと、基本的にはないのです。

それがおそらく戦後以降、公共と民間の概念に一線が引かれ、公共の土地から徐々に料亭などの民間施設が減っていき、土地を適正に保全する観点から、公園の管理の仕方はある意味保守的になってきたものと考えております。

つまり、公園という公の場所で民間が利益を得るのはおかしいと見做されるような風潮が一般的になり、民間施設を整理することが公園管理の適正化と考えられるようになったということです。

社会通念上も公的空間等に対する感覚は変化してきていると思います。

[1] 民間活力
略称は民活。政府・自治体に代わって民間部門の資本や経営によって大規模プロジェクトを実施すること

たとえば保育所の計画が騒音問題で頓挫するということは、昭和四〇年代や五〇年代には、起こらなかっただろうと思います。公園の中でのボール遊びや犬の散歩に文句を言う人も多くはなかったとも思いますが、現在ではボールが人に当たったらどうするんだとか、犬の散歩のマナーが悪いなどの声がたいへん多くあります。

こうしたことは公的空間の活用を図るうえで、もっとも根底にある問題だと思います。実際には都市公園法や地方公共団体の条例なども公園の使い方を逐一明文化して縛ってはいないのですが、クレームやいざこざを事前に回避するため、公園の管理者が自主規制をして禁止看板を立ててるに至るという状況です。

ただ一方で、現在、公共空間をもっと積極的に利用すべしという首長さんたちによって、公園の管理が変わってきているともいえます。

こうした動きを僕は〝黒船〟と呼んでいるのですが、やはり黒船が来ないと、管理者も自発的には、なかなか生まれ変われないんだと思うのです。人気があって人がたくさん来て利用者間の軋轢がある公園よりも、誰も来ないけれども苦情もなければ事故もない、という公園の管理のほうが楽ですから。

たとえば政令指定都市の市長など、独特の強い意見をもっている方が指示することで、公園管理の部局はそれを実現するために動かざるを得なくなる。実際に動いてみれば法令自体は、いろんな方が活動できるような緩やかな仕組みになっているので、次々に公園で新しい使われ方がされているというわけですね。

センスある指定管理者が公園の使われ方の質を向上させた

西田　平成一五年に指定管理者制度が導入されて以降、指定管理者により管理される公園がどんどん増えていますが、それも公園の使われ方に影響しているのでしょうか。

町田　そうですね。もともと公園などの公共施設は、行政が直接管理する直営方式で管理されていたのですが、やがて行政の外にいわゆる外郭団体を置き、随意契約で管理を委託する時代がありました。その後、平成一五年の地方自治法改正で指定管理制度が導入され、民間の一般企業やＮＰＯ法人が競争に参加するようになると、公園管理の様相は維持保全管理的な性格から利活用推進的なセンスのあるものへとかなり変化したと思っています。
　競争の結果で良い管理者を選ぶべきだという風潮もあって、企画競争による指定管理者が増えていき、現在、面積ベースで約一二万ヘクタールのうち半分程度は指定管理者に移行しています。新しいことにチャレンジしていく先進的な管理者の姿はほかの管理者にも刺激を与えていると思います。
　黒船のような存在と、来る人を楽しませようというセンスのある指定管理者の相乗効果で、公園の使われ方がだいぶ変わってきたということですね。

西田　優秀な公園の指定管理者にはどこがありますか？

町田　東京エリアですと東京西部の都立公園に強いＮＰＯ　ｂｉｒｔｈ（バース）と長池公園の管理から誕生したＮＰＯフュージョン長池が圧倒的にノウハウをもっていて、トップランナーとして突っ走っていますね。彼らが公園の使われ方、サービスの質を引き上げたと思います。

NPO birth が企画・運営したクラフトマルシェ（上）とパークヨガ（下）

利用者からすると体験プログラムのメニューの多さやユニークさがとても魅力なんです。今流行りの「池の水ぜんぶ抜く」（テレビ東京）でやっている「掻い掘り[2]」をイベントにするのもバースが始めたんですよ。

こうした好事例に影響されて、管理委託されている外郭団体などもイベント実施など集客の工夫やサービス向上を図るようになり、全体の底上げに貢献したと思います。

西田　公共団体側にとって新しい管理方法にチャレンジするメリットはありますか？

町田　地方公共団体が新しい公園の使い方に挑戦するもう一つの動機としては、維持管理の負担をどうにかして減らしたり、別の収入源で賄いたいという意識もありますね。

今までの公園には基本的に独自の財源がないので、現状では行政にとって公園の維持管理費にはそれほど多くの予算を組めないのです。

人材の確保という意味でも、公園の専門家たち、たとえば役所の公園担当だったり、民間では造園系コンサルタントや建設業者の人数も

[2] 掻い掘り（かいぼり）
農業用水のため池の水を農閑期の冬場に抜き、堆積したヘドロや土砂を取り除き、天日に干す池の維持管理方法。近年では水質改善や外来生物の駆除を目的としても行われる。

NPO フュージョン長池が企画・運営する掻い掘り子ども参加の田植え（上）と（下）

少なくなっています。公共事業全体の規模が小さくなって、一番多いときに公園整備関係の予算が全国で一兆二千億円を超えていたのですが、現在は四千億円前後と、仕事のボリュームが目に見えて減っていますから。整備費だけでなく、単位面積当たり管理費も、3分の2程度となっています。

西田 公園の管理関係者にとっては、経済的に非常に厳しい状態なのですね。

町田 指定管理者制度は受託者・請負者の方々に競争させるわけですから、もともと公園維持管理関連の仕事を受けていた方には、植栽の剪定や芝刈りなどの費用を安く上げるための制度だと、ネガティブな捉えられ方をされることもあります。異分野から人が参入してくることで、自分たちの領分を奪われると思われているかもしれません。

ただ現実は、イベントやスポーツやアートなどいろんな分野の人たちに参加してもらい、公園という空間の価値を高めることがもっとも重要なので、こうした方々のセンターに従来からの維持管理実施者が立つことが、自らの価値を高めることにもつながると思います。異分野の方ともどんどん一緒に組めるような造園界に変化してほしいと思っています。

西田　なるほど、業界自体の意識が改革される必要があるとのことですね。

町田　そうですね。一方で公園という社会資本そのものも、もう少し積極的な改築や再生整備によって、新たな仕事を生み出す社会資本にできないものかとも思っています。

公園というのは、一般的には一度つくると成長し続ける、つまりは劣化しない社会資本と自負しているようなところがあって、つくり直すという概念がないのです。たとえば建築は寿命があって建て替えられるのが宿命ですが、公園を形成している一番大きな要素は樹木ですから、成長させ続けるのが一番良いという考え方です。樹木は大木になればなるほど、伐採する際に反対運動が起こって、切りにくくもなります。

日比谷公園は完成当時と一一四年目の現在では見え方がまるで違うはずです。完成当時には、日比谷側からも霞ヶ関側からも公園の中の景色や活動が見通せ、逆に公園側からもまちの様子が見通せ、もっとまちと公園に一体感があったでしょうね。現在はジャングルみたいで、市街地から切り離されているかのように見える(笑)。

僕は手入れをされた若い樹木の並ぶ端正な公園の姿も認めてもらいたいと思っています。樹木が伸びて巨大化していく姿にも価値はあるとは思いますし、日本人の情緒的な部分とどう折り合いを付けるのかという問題もありますが、木を切って、また新たに植えることが許されれば、公園に関係する業も、もっと持続可能な産業になるはずです。

生活時間に公園で過ごすという選択肢をもってもらえるように

西田　最近、ニュースで流れていたトピックに、一〇代、二〇代の人たちに友達と休日にどこに行きたいか尋ねるものがあったのですが、その選択肢にカラオケと居酒屋と公園があったんです。その三つを並べるというのが新鮮で面白かったのですが、若い方たちを中心に、公園で過ごすというカルチャーが広がっているようです。

鬱蒼と樹木が茂る現在の
日比谷公園

町田　確かに、若い人たちの間では、まちなかで活動的に消費するような遊びではなく、お金を掛けない遊び方が選ばれるようになっているようです。その遊び方の典型例として、弁当でも持って公園に行き、読書やおしゃべりなどしてゆっくり過ごすという行動があるのですね。

若い人たちはそんなにお金をもっていないからたくさん消費する気にはなれないし、公園で気持ちよく過ごせれば十分幸せを感じるという、今ふうな世相を反映した生活時間がそこにあるんだと思います。

西田　事務所のスタッフに聞いたのですが、公園に行くことが普通に遊びの選択肢に入っているそうです。そのときに見せてもらったインスタグラムが、なんと公園でシャボン玉で遊んでいる姿だったんですよ(笑)。僕たちの世代からすると驚きなのですが、本人たちにとっては満足する時間の使い方の一つのようです。

町田　市民の皆さんに生活時間のなかで、公園で過ごしたいと思っていただくことが、僕たちの仕事の究極の目標だと思っています。ライフスタイルというと綺麗にまとまり過ぎるのですが、価値ある時間を消費する場と考えてもらえればたいへん嬉しいです。

日本の一二万ヘクタールもの都市公園が誰にも使われなくなって、ほかに転用しようといわれないように、公園の価値を高めなくてはならないですからね。賑わいのある空間にするために公園にカフェを入れたり、イベントをするなど創造的な運営が必要で、図書館や劇場、公民館などいろんな施設を入れてもいいんじゃないかと思っています。

そのために公園の再編をする予算制度も数年前から始めていますし、二〇一七年の法改正では保育所も公園に設置（占用）できる制度もつくりました。子どもの声がうるさいと保育所が単体で建設できないような時代ですが、公園はもともと子どもが騒ぐ、子どもと親和性が高い空間ですしね。

ただ古典的な考え方の人には、生物の生息空間や緑地がなくなってしまうと反対されることもあります。ただ公園の一部に施設が置かれるだけで、環境に対する致命的な影響は出ないですし、そもそも公園自体の使われ方の多様性を増やしていかないと、最終的に公園は必要ないといわれかねません。

2017年10月に認定保育園が開園した東京・渋谷区の「代々木公園」

僕は都市公園にとって、ショッピングセンターが一番の脅威だと思っているんです(笑)。夢中に遊べる大きな広場などもあって、あれがあるなら公園なんていらないと思われてしまうんじゃないかと。ショッピングセンターには年間三千〜四千万もの人が訪れるわけですが、公園はどんなに頑張っても三〇〇〜四〇〇万人。使っていただける人数は比べものにならないですからね。

ただ公園は民間の空間では実現できない多くの価値、多くのアクティビティを受け入れることができる空間だとも思っています。

西田 実際に、たとえば東京都の豊島区につくられた「南池袋公園」などは、世代を問わず多くの人が来園し、成功を収めています。あの公園の成功の理由は何だとお考えでしょうか?

町田 「南池袋公園」の価値は、圧倒的に真っ平らな芝生だと思います。池袋のまちなかという立地、あの大きさ、レストランがあること、そのすべてが本当に良いバランスで納まってると思う。造園的に綺麗なものをつくり上げたデザインというよりも、地域との関係、生活者との関係をうまく納めたという姿が新鮮に見えるのでしょう。

あれが地方部の区画整理された新市街地にあったら良く見えないでしょうが、あの立地ではすべてがベストマッチしていると思います。公園の成功に、デザイナーの力量が大きく関わった例だと思います。

西田 「南池袋公園」のカフェもかなり繁盛しているようです。ただカフェなど業者を入れる際には、市民に対しても、その他の業者に対しても、選んだ根拠の説明が難しいですよね。

町田 役所にとって中立・公平・公正・透明は絶対のルールですからね。こうしたハードルがあって、新たなアクションを起こしづらい公園管理者のために、二〇一七年に施行した都市公園法の改正では民間に入っていただくための手続きを定め、同時に規制緩和などをしました。もともとの法律でも可能なのですが、手続きの方法を定めたことで、ずいぶんやりやすくなったはずです。

今後は地方公共団体の方にぜひ、このたびの法改正で可能となる公園の利活用について民間のサウンディング調査[3]をやっていただきたい。民間の経営的なセンスをもっている人たちが公園で何をやりたいのか知ってほしいと思っています。また民間の人たちには、公園でこんなことをやりたいと、管理者に投げ掛けてもらいたいんですよね。民間の方にはぜひ〝黒船〟になっていただきたいんです(笑)。

西田　お聞きしていると、町田さんは、公務員にチャレンジしろとけしかけているように思いました(笑)。そのような意識をもたれたのは何かきっかけがあるのでしょうか？

町田　僕は大学卒業後、建設省（現：国土交通省）に入省しました。係長から課長補佐の頃、いろんな公共団体から、やりたいことがあるけれど法令の面で可能だろうか、という相談を受けるわけですが、昔から、基本構わないと言ってましたね。本当に困る人や局面がないなら、グレーなものは皆やってしまえばよい、といういい加減なところがあって(笑)。現場の建設にも多く携わって、「淡路花博」（ジャパンフローラ2000：二〇〇〇年）や「愛知万博」（日本国際博覧会：二〇〇五年）では会場整備やプロモーションも担当しました。そこで管理法の規制を受けず、多くの才能の集結・連携により生み出される空間づくりの魅力に身を浸したというのも関係していると思います。安全は大前提ですが、人が楽しめる空間をつくるということが基本と

［3］サウンディング型市場調査
事業の内容・公募条件等を決定する前段階で、公共団体が公募により民間事業者から広く意見や提案を求め、対話を通し事業のポテンシャルを最大限に高めるための諸条件の整理を行うもの。市場性の有無や活用アイデア、公募条件などの検討を行う。

いう発想です。

時代に合わせた公園のあり方を探っていく

西田　今後の公園はどのように進化していくべきだと考えますか？

町田　そうですね。たとえば戦後、経済成長期から児童公園がどんどんつくられたのは、子どもに自動車事故の危険から解放された遊び場をつくろうというのが動機の一つだったわけです。五〇年代さらに阪神・淡路大震災以後は防災が公園整備の大きな動機となった。時代によって公園をつくる命題は変わるんです。バブル期にはリゾート開発が盛んだったので、リゾート然とした派手な公園もつくられました。結局ダメになっている公園もあります。

これからの時代でしたら、インバウンドも強く意識していく必要もあるでしょう。都市や公園、緑の美しさが歴史文化的な資産と一体になって海外からの人を惹き付ける要素となるように。また、今遊びに来てくれるようになった二〇歳ぐらいの方が、居心地が良く楽しいと思ってくれる公園を目指していかないといけないとも思っています。
若い方が公園に来てくれる風潮も、時代の流れだけでなく、行政や公園の管理者が意識的に改革してきた結果もきっとあるはずです。たとえば東京では、ビアガーデンのような収益イベントは平成一五年の日比谷公園一〇〇周年で初めて開催されました。その後、その他の都市公園でも収益イベントが行えるよう、徐々に自主的規制緩和を続けてきて、現状に至っています。ですから、望まれる公園像を設定して着実に行動することが大切だと思っています。

（二〇一七年九月二六日　国土交通省にて）

Chapter 3

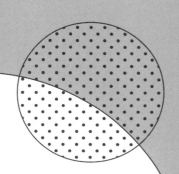

公共施設をプロデュース

武蔵野市立 ひと・まち・情報 創造館

武蔵野プレイス

1 開館後

2 敷地購入から設計プロポーザルまで

3 専門家会議の設置から開館まで

武蔵野市立 ひと・まち・情報 創造館
武蔵野プレイス

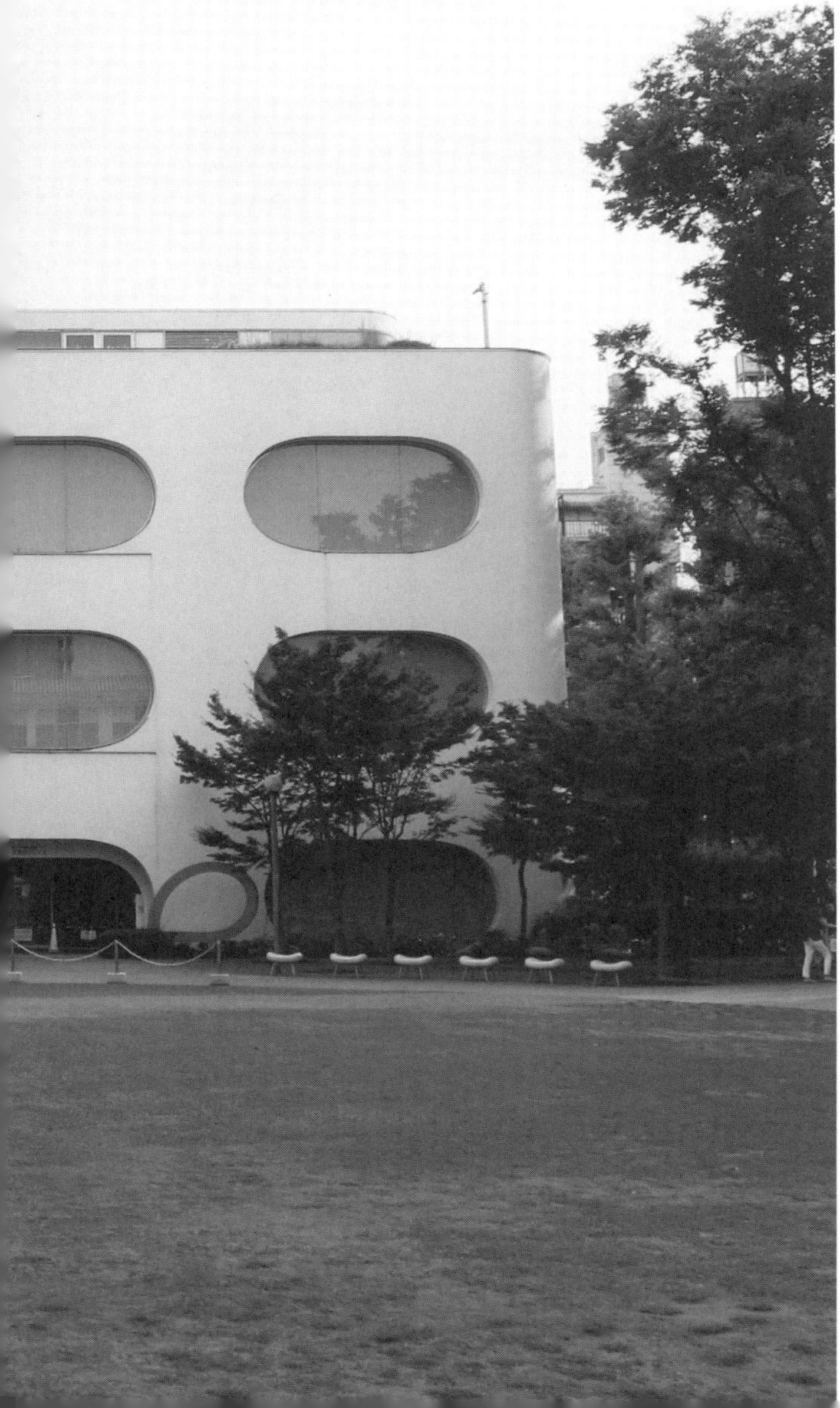

武蔵野市立 ひと・まち・情報 創造館
武蔵野プレイス1 開館後

連続した空間をもつ構成とリンクする一体管理の運営体制

加藤伸也／公益財団法人 武蔵野生涯学習振興事業団
武蔵野プレイス館長（取材時）

聞き手 石榑督和・山道拓人・千葉元生

加藤伸也 / Shinya KATO

1957年山梨県生まれ。1980年上智大学外国語学部卒業後、武蔵野市役所入庁。広報課長、秘書担当参事、市民部長を経て、2015年1月～2017年3月（公財）武蔵野生涯学習振興事業団に派遣され武蔵野プレイス3代目館長就任。2017年3月武蔵野市役所退職。現在、武蔵野商工会議所専務理事を務める。

二〇一一年七月にオープンした「武蔵野市立 ひと・まち・情報 創造館 武蔵野プレイス」(以下「武蔵野プレイス」)は、開館前から利用者が並ぶほどの人気のある施設。日本初の一体管理を行う、図書館を中心とした複合公共施設の運営と、仕切り壁がなく、吹き抜けや螺旋階段でつながった空間の使われ方について、武蔵野プレイス三代目館長の加藤伸也氏に尋ねた。

四つの機能が融合する空間構成

石樽 加藤さんは、「武蔵野プレイス」三代目館長として就任され、現在二年が経ったところです。今回は、現在の「武蔵野プレイス」の運営についてお話しをお聞きしたいと考えています。

現在、「武蔵野プレイス」は多くの人に利用され、地域に愛されている公共施設として注目を集めていますね。

加藤 おかげさまで、公共施設としては稀なことに利用者が年々増え続けています。二〇一七年の来館者数は一九五万人程度と予測しています。来館者の半分強が市外からの方、残りが市内の方で、さまざまな年代の方が偏りなくいらしています。

来館者の八割強が図書館利用を目的とし、そのほかは生涯学習支援、青少年活動支援、市民活動支援の機能を目的としています。「武蔵野プレイス」は四つの機能（図書館、生涯学習支援、青少年活動支援、市民活動支援）を活動の柱にしており、それらが融合するような運営を心掛けています。

建物も、それを意識したつくりとなっています。仕切りがなく垂れ壁で区切られているので水平につながり、吹き抜けや螺旋階段で上下にもつながっている。図書館機能が一体的でありながらも建物全体に分散するように置かれていて、その他機能の部屋とも連続しているので、視線や音などでそれぞれ何をやっているのか何となくわかる構成となっています。実際に、いろいろなところで交流が起こっています。

一階エントランスフロアのカフェ周辺のテーブルに座ると、隣の雑誌コーナーやギャラリーの展示が気になるようになっています。三階は市民活動向けのフロアですが、まわりに学生も利用するスタディコー

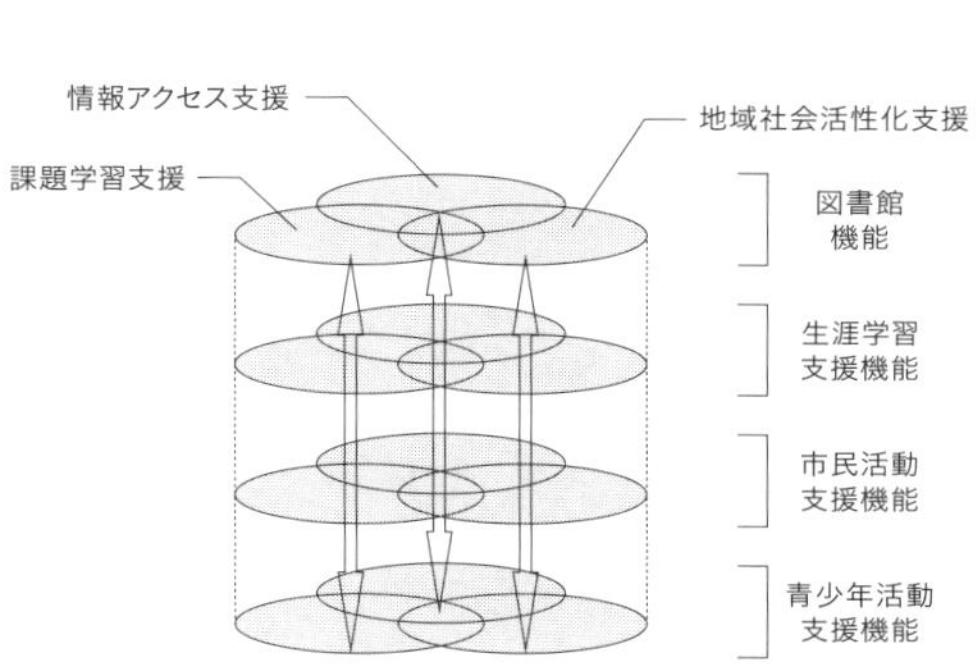

四つの機能に三つのミッションを組み合わせることによって互いに連携が生まれ、全館がつながることが想定されている

「ひと・まち・情報創造館 武蔵野プレイス」（設計：川原田康子＋比嘉武彦／ kw+hg architects、2011年）

2階「コミュニケーションライブラリー」にある「テーマライブラリー」

地下1階「メインライブラリー」

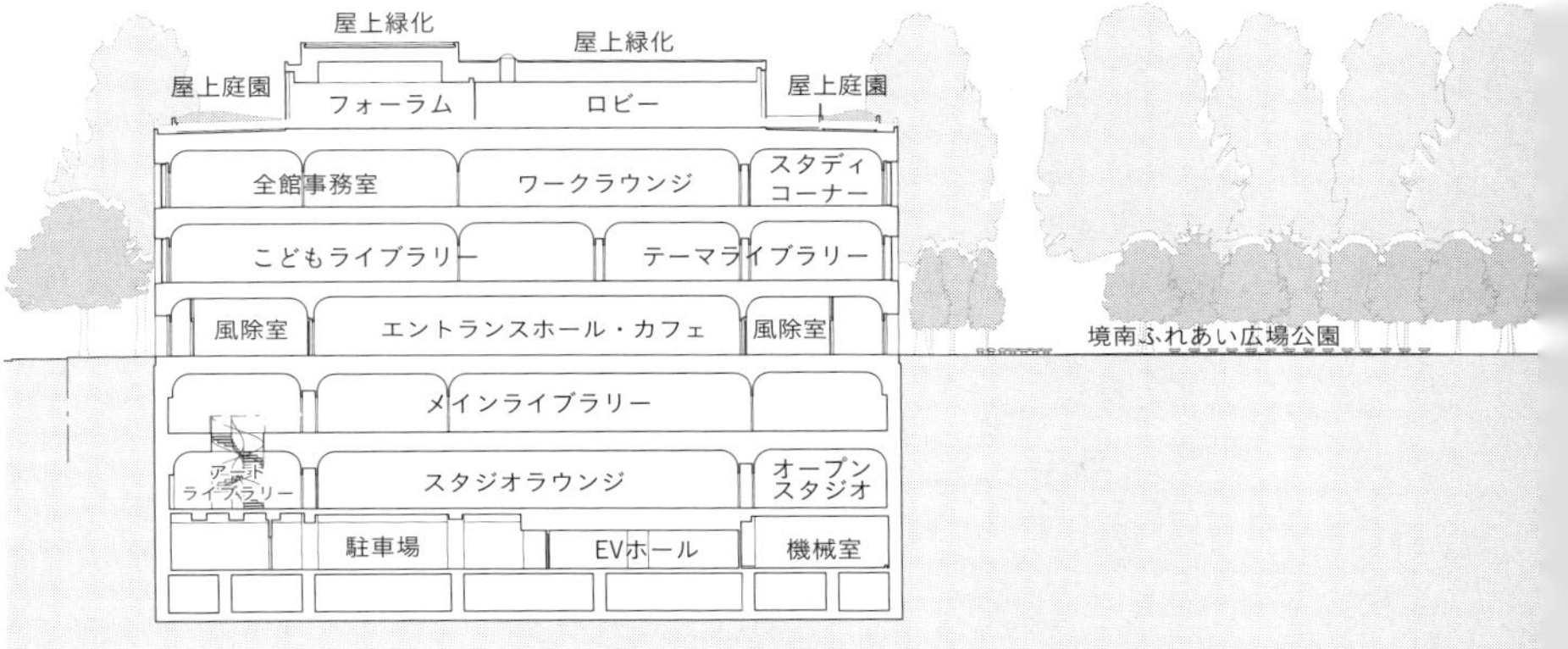

断面図　1:800

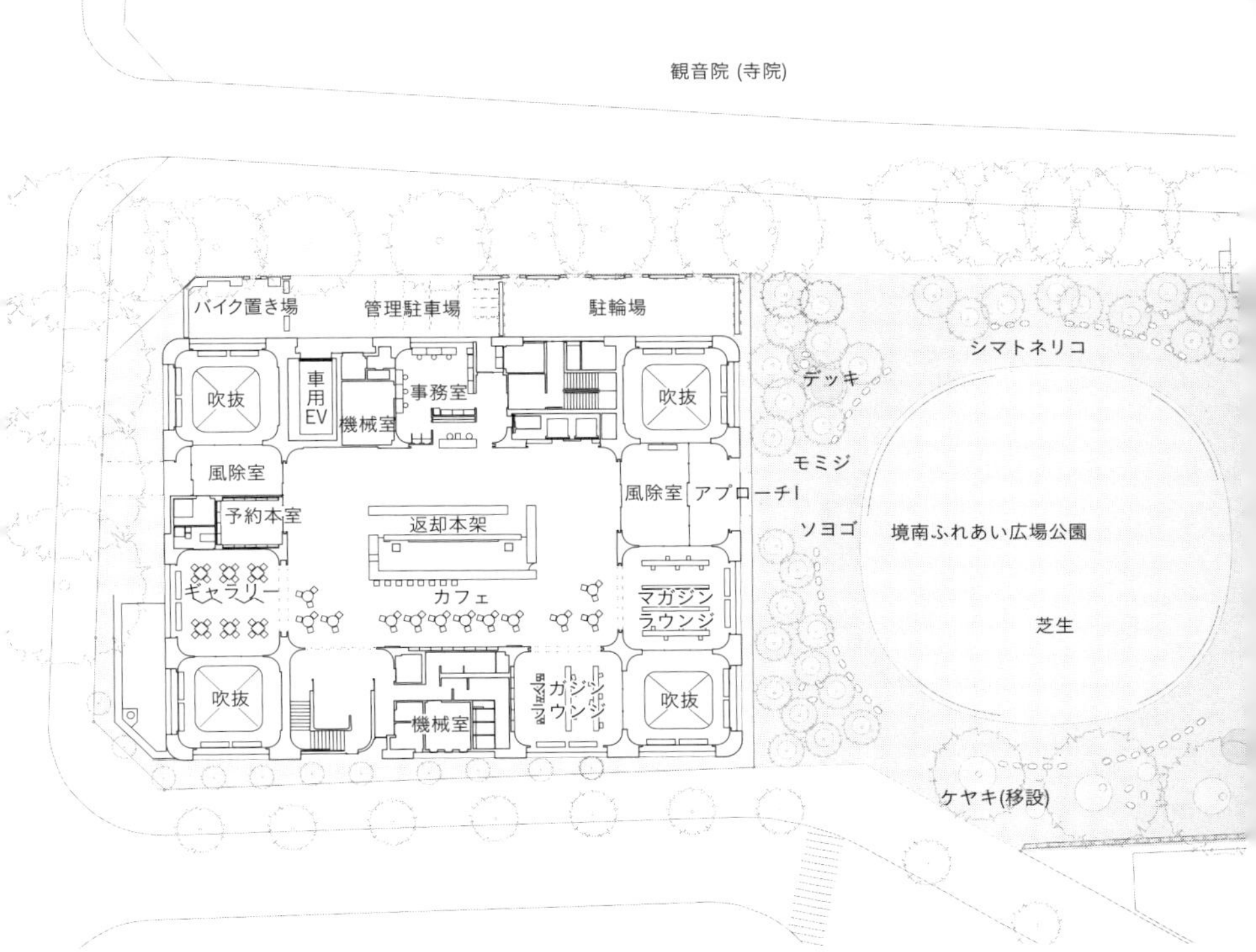

配置図・1階平面図　1:800

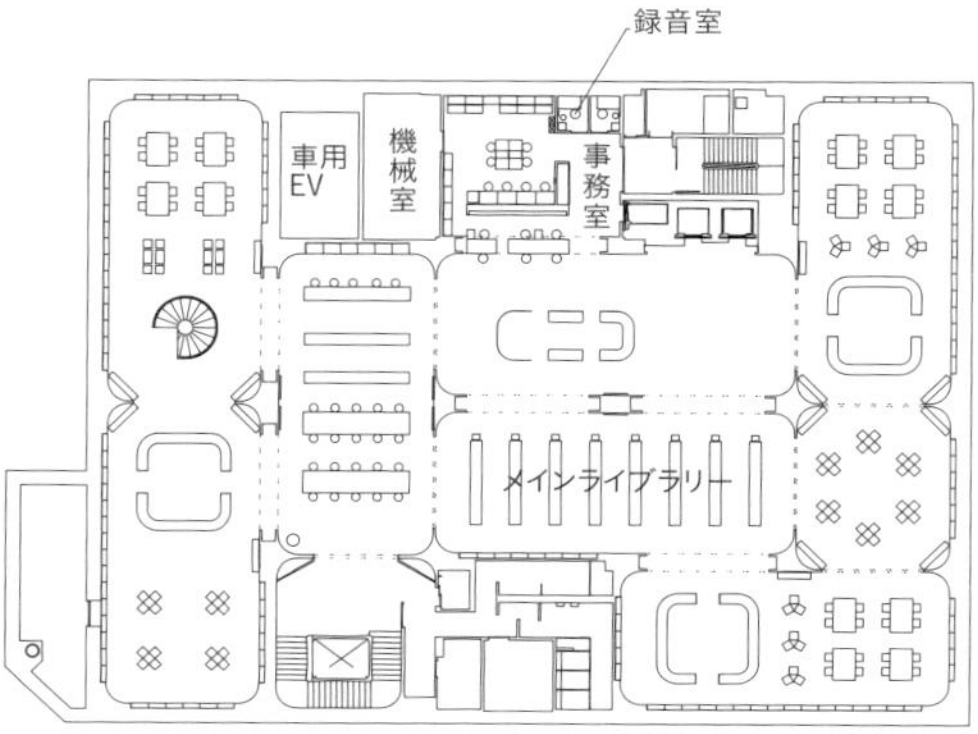

B1階 メインライブラリー

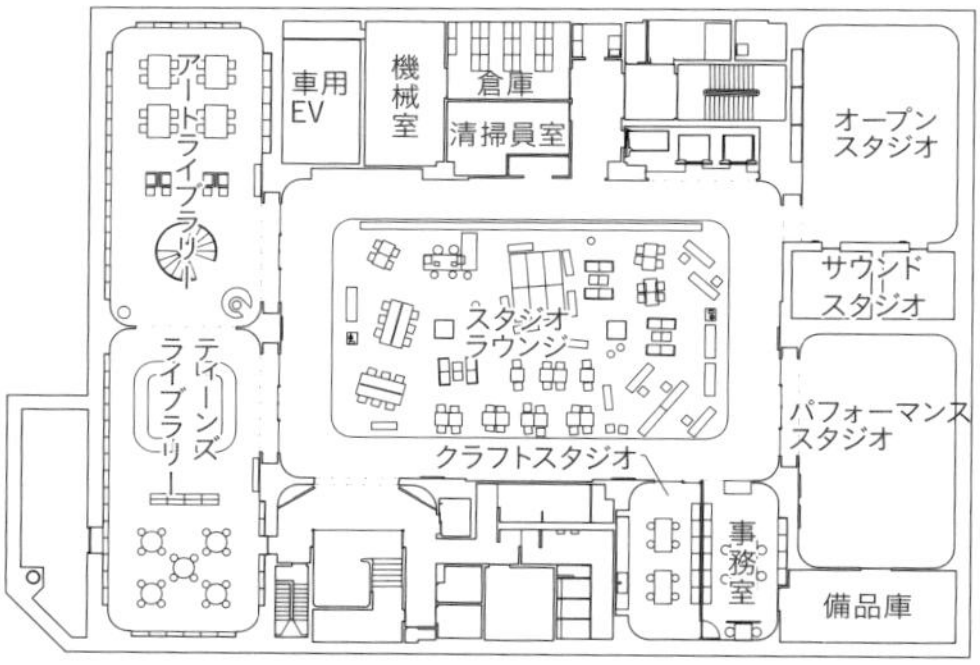

B2階 ティーンズスタジオ

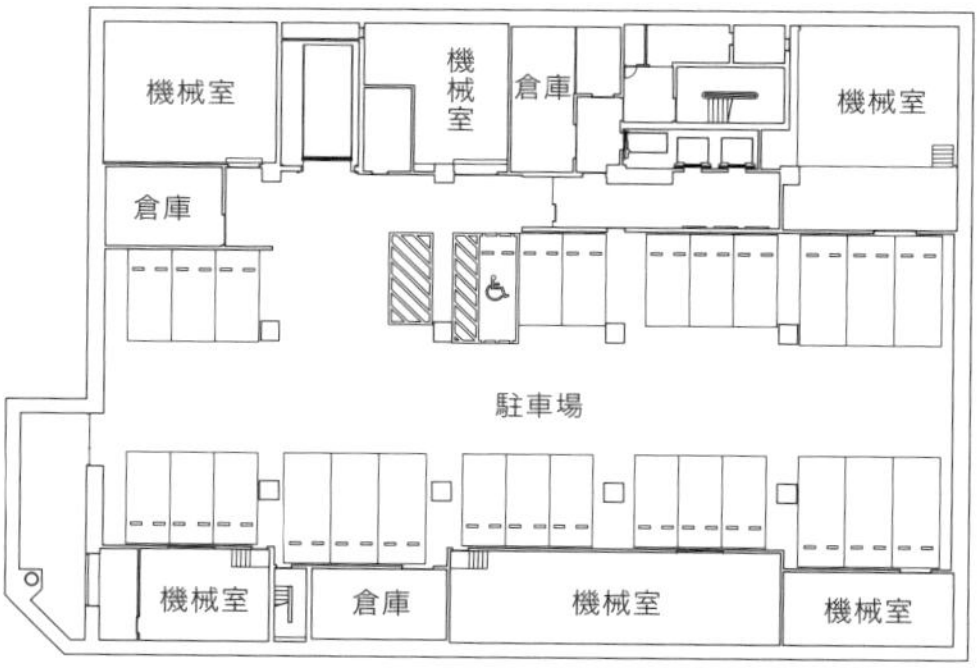

B3階 駐車場 平面図 1:800

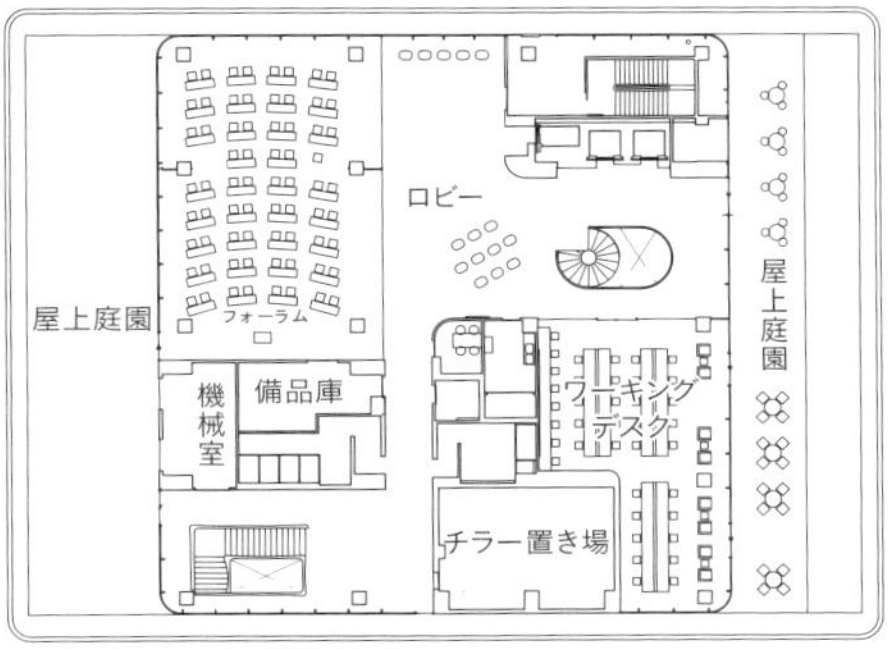

4階 ワークテラス

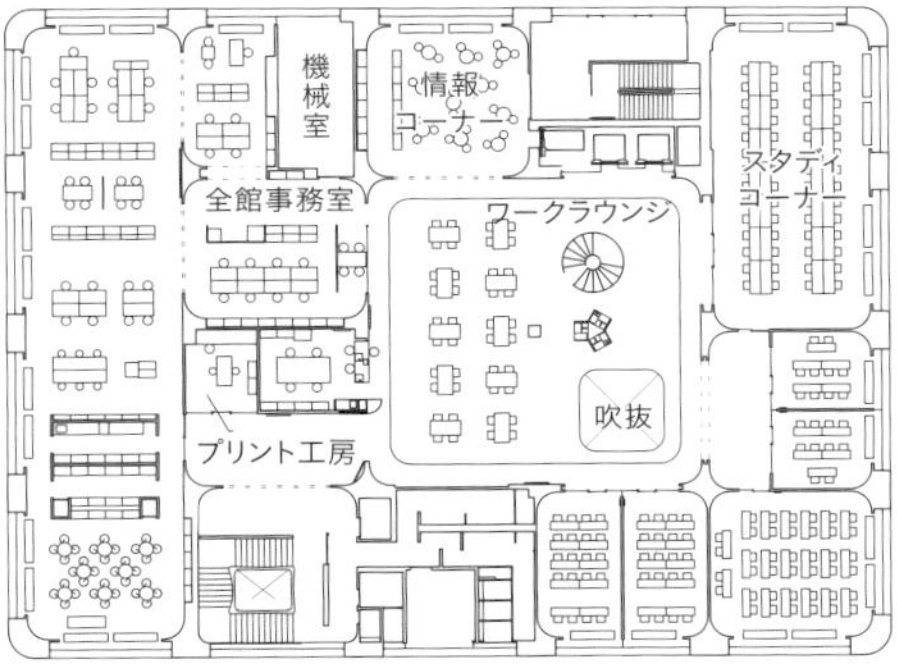

3階 ワークラウンジ

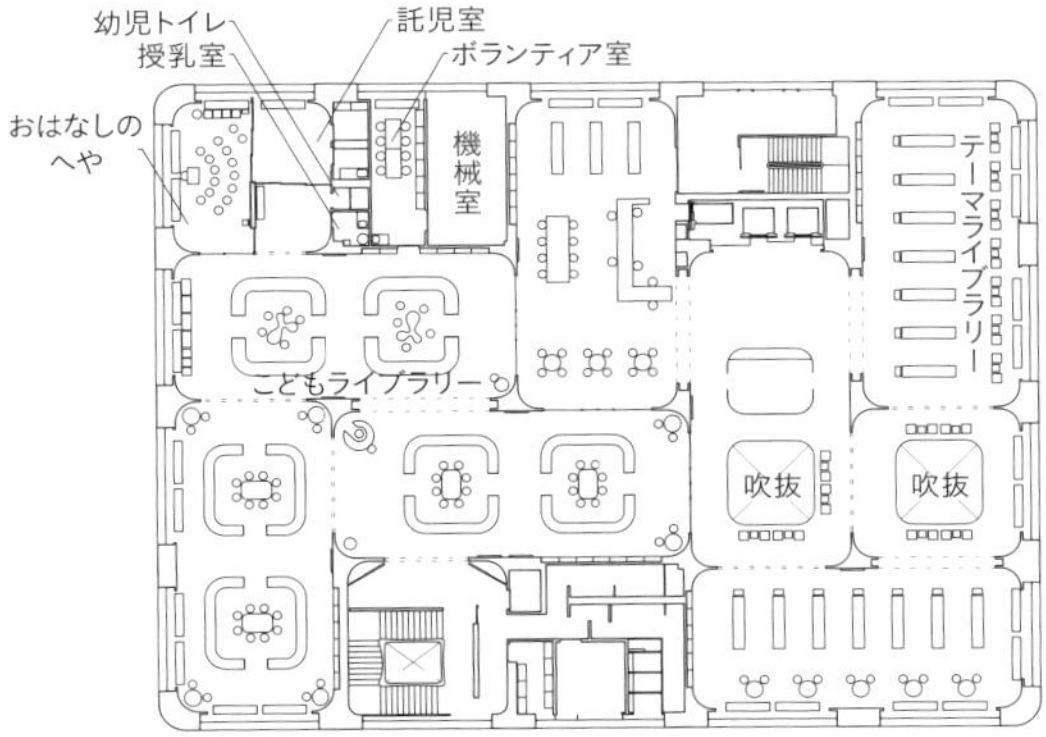

2階 コミュニケーションライブラリー

ナーをあえて設置しました。学生にも何の気なしに活動の様子やチラシが目に入っていると思います。それがきっかけで一緒に活動を始めるようなことが起こってくれたらいいなと思っているんです。

また図書館としてももちろん、いろいろな方に利用していただくための工夫をしています。

二階のファミリー向けフロアでの「武蔵野プレイス」独自の排架が功を奏して、土日ではとくに親子連れの来館が多いですね。児童書と生活関連図書が置いてあるので、お子さんは児童書を選び、親御さんは趣味や実用書を選んで一緒に読むことができるんです。また一番奥に「おはなしのへや」という小さなお子さんのためのコーナーがあり、騒いでも気にならないつくりになっています。この階では、吹き抜けや階段に近いオープンなゾーンには、静かに読める年齢層の高い子どもさん向けの本が置いてあるので、ほかの階にはほとんど喧騒が伝わりません。

地下一階の一般図書フロアや、三階の奥のスタディゾーンでは静かに読書や勉強ができます。部屋を移動すると、耳に入る音がグラデー

右：2階「コミュニケーションライブラリー」にある「こどもライブラリー」。乳幼児から小学校高学年までを対象とした児童図書約3万冊が並ぶ
左：同階の「おはなしのへや」。授乳スペース・子ども用トイレを併設した、子どもたちが靴を脱いで自由に本を読むことができるスペース

ションのように大きさが変化して感じられて、好みの静けさの場所を選んで読書することができるんですね。

　ただここは職員のためのスペースがわりと少ないんですよ。職員同士が打ち合わせするスペースもなくて、ボランティアのための部屋や、施設内の貸し出し用の会議室を利用して会議をしています。図書の嘱託職員には専用の机や椅子も十分にありません。徹底的に利用者を優先した施設になっています（笑）。

武蔵野生涯学習振興事業団の構成

石榑　武蔵野市と公益財団法人武蔵野生涯学習振興事業団（以下、事業団）はどういう体制で「武蔵野プレイス」の運営を行っているのでしょうか？
加藤　事業団は指定管理者として、武蔵野市から武蔵野プレイスの管理運営を任されています。市からは機能が融合するような運営を求められており、五年ごとに管理運営指針を示されています。

3階「ワークラウンジ」にある「スタディコーナー」

連絡調整のための会議を武蔵野市の生涯学習スポーツ課や児童青少年課、市民活動推進課と月一回のペースで設けており、その際に活動報告も行っています。この施設の実際の所管課である生涯学習スポーツ課とはまた別の会議も行っています。

石榑　「武蔵野プレイス」開設時はどのようなメンバーで構成されていたのでしょうか？

加藤　「武蔵野プレイス」開設の際には、武蔵野市の教育部武蔵野プレイス開設準備室にいた職員を中心に二〇人ほどが事業団に移行しました。その準備室も、武蔵野市から図書館、生涯学習、青少年活動、市民活動の関係部署から職員を集めて立ち上げてできたものなので、事業団も市がもともともっている機能を引き継いでいるかたちです。私自身は、「武蔵野プレイス」の基本計画策定を担当していた企画調整課に所属していたこともあったので、計画の経過を理解している状態で、館長に就任しました。

石榑　事業団はどのような部署からなるのでしょうか？

加藤　事業団は本部事務局、体育施設事業部、武蔵野プレイス事業部の三つの部署からなっています。

前身がスポーツ振興事業団だったので、約二〇名の体育施設事業部職員は、以前からの業務である陸上競技場や総合体育館、プールなどの体育施設の管理とスポーツ教室などの事業を行っています。

武蔵野プレイス事業部には七二名の職員がいます。私を含めた市からの派遣六名と事業団固有の職員一四名を合わせた二〇名が図書館、管理係、生涯学習支援係の三つの部署に振り分けられています。そのもとに嘱託職員五〇名強が付いているかたちになります。

公共施設に指定管理者制度を採り入れる大きな意味に、サービス向上とコスト削減があります。しかし、図書館の利用は無料が原則になっているので、サービスが向上して来館者が増えても収入が伸びるわけではありません。指定管理料もなかなか増やしてもらえないので、コスト減のためには、人件費を削るしかない。当初、「武蔵野プレイス」に派遣されていた市の職員が引き上げられた後は、事業団の職員に替えているので、ほんの少しは人件費が下がっています。

また「武蔵野プレイス」では嘱託職員が大きな戦力となっていて、

企画や事業もやっていただいています。

「武蔵野プレイス」の四つの機能とそれぞれの事業

千葉　実施している具体的な事業について教えていただけますか？

加藤　図書館では図書貸し出しのほか、映画会「シネマプレイス」や乳幼児や児童と保護者を対象にした「おはなし会」、小学生を対象にした読書の動機付け指導などを行っています。図書館担当の正規職員が九名、嘱託職員が三五名います。三つのカウンターに、早番、遅番の二交代で人を配置しなくてはいけないので、合計四四名と機能のなかで一番の大人数になっています。

生涯学習支援係は二二名おり、「生涯学習支援事業」、「市民活動事業」と「青少年活動事業」という機能をもっています。行政というのは継続性があるので、機能だけでなく、実際に行う事業についても、新しいものもたくさんありますが、市から引き継いだものもかなりあります。

「生涯学習支援事業」では、講座・イベント事業、大学・市民団体・企業・研究機関等との連携事業、地域映像アーカイブ運営事業を行っています。対象年代は小学生から、高齢者向けまでと年代に偏りはありません。

「市民活動支援事業」では、現在、「武蔵野プレイス」に登録していただいている三二〇ほどの市民活動団体をおもな対象として事業を行っています。具体的には市民活動のための組織運営や財政について学んでいただく「市民活動マネジメント事業」や、団体同士の交流を促す「相互交流事業」、補助金を提供する「団体企画事業」、広報活動の手伝いをする「広報支援事業」などがあります。

「青少年活動支援事業」では、「居場所づくり事業」や「キャリア形成事業」「相互交流事業」「理解促進事業」などを行っています。

「居場所づくり事業」のために、地下二階の「ティーンズスタジオ」がつくられました。もともと、ショッピングセンターのフードコートやコンビニの前でたむろしている青少年に来てもらうための居場所です。「スタジオラウンジ」には一〇〇人分ほどの席があり、彼らが自

地下２階「ティーンズスタジオ」にある「スタジオラウンジ」

由に過ごせるようになっています。電子レンジも給湯器もあるので、コンビニで弁当やカップヌードルを買ってきて食べることもできます。ここを利用するのは高校生が一番多いですね。中学生もいますが、このまわりに高校が多いからかもしれません。

山道　初めてこちらに来たときには、大人が入れない「スタジオラウンジ」で、子どもたちが自由に活動しているエネルギーに驚きました。

加藤　今の子どもたちは家で勉強せずに、カフェなど家の外で勉強したがるようです。ですから、土日などはすごく混雑しています。

そのラウンジを囲うように楽器演奏ができる「サウンドスタジオ」や、ダンスなどが行える「パフォーマンススタジオ」、料理や工作ができる「クラフトスタジオ」などが配置され、二〇歳以下の方は通常料金の一割で使用することができます。スタジオでの活動自体は学園祭に出演したいとか、ライブをやりたいと青少年が自主的に行っているものです。そういった活動をさらに支援する「キャリア形成事業」では、プロに作曲を学んだりダンスやイラストを学ぶ講座を実施しています。

右：地下２階「ティーンズスタジオ」にある「オープンスタジオ」
左：同階の「クラフトスタジオ」

そこでの成果を発表する場を「武蔵野プレイス」でも提供したいと、理解促進事業としてダンス発表会「DANCE プレイス」や、「Music place 青少年達の音楽発表会」を本格的な音楽ホール、武蔵野スイングホールを借りて行っています。「DANCE プレイス」では「武蔵野プレイス」北側の公園に舞台をつくり、発表してもらいました。

相互交流事業として「B2カフェ」というイベントを行っていますが、そこに図書館のYA（Young Adult の略。青少年向けの図書の意）担当職員も参加し、直接青少年と話をして読書傾向をつかんだりしています。

図書館を中心とした機能の融合

千葉　それぞれの機能の融合について具体的に教えていただけますか？

加藤　図書館機能とその他機能の融合についてですと、ある機能の事業を行う際には、ブックリストや関連図書の展示をスムーズに行うことができます。その際は事業担当者が図書担当に事業に関連するリストの作成を依頼しています。

図書館機能ともっとも融合した活動を行っているのは青少年活動支援機能ですね。先ほど話しました「B2カフェ」のほかにも、青少年フロアでトピックス展示をしてその関連本をカートに載せて青少年の間を巡って紹介したり、本の修理を体験したりする機会を設けています。

毎年七月に催す「プレイスフェスタ」は、全機能が協力して行っています。生涯学習支援係が中心になる全館挙げたイベントで、おもな事業ごとに係長主任クラスがリーダーとなり、ほかの機能の部署からも人を集め、一〇人ほどのプロジェクトチームで企画から運営まで話し合いながら実施しています。

イベントの内容は、職員から事業案を募り、月二回の係長以上の定例会で選んでいます。去年は江戸時代の寺子屋についてや、「武蔵野プレイス」開設五周年を記念したシンポジウムなども行いました。

このように、普段の仕事は縦割りが多いですが、横に連携する事業も行っています。連携事業がしやすいのも、管理運営主体が一つであり、またそれぞれの担当者が近くにいて、日頃から相手の仕事についてわかっているからだと思います。

市民参加が盛んな地域だから成し得た計画

石榑　このような先駆的な管理体制を実現した武蔵野市には、ほかの地域と異なる特別な性格があるのでしょうか。

加藤　この施設は武蔵野市が一九七三年に農林省（現：農林水産省）がもっていた土地の払い下げの要望を出したときから、綿々と計画が続いてきたんですね。

もともと武蔵野市は市民参加でさまざまな計画をつくることで有名なんです。一九七一年に初めて策定した長期計画も当時としては稀な市民委員会で作成したものでした。現在もその方式が続いています。

石榑　武蔵野市はＧＨＱに解体された自治会を戦後に復活させなかったのですよね。ほかの市町村と比べ、より意識的な地域コミュニティを育む土壌をもち続けている市ですね。

加藤　ですから、市の長期計画自体も市民による委員会が策定していますし、それを行政・議会がサポートしている。この施設が長期間にわたり市民参加で計画が練られ、完成に至ったのも、お互いが信頼できているからではないでしょうか。

山道　今後の展望を教えていただけますか？

加藤　この施設はもともと地域活性化の目玉としてつくられているんです。実際に、いまJR武蔵境駅で降りる乗客の目的の二番目が「武蔵野プレイス」になっているので、その方たちがまわりの商店にも寄ってくださることで、多少は地域の活性化やシティプロモーションにも貢献できているのではないかと思います。

また「武蔵野プレイス」の北側の都市公園も事業団が一緒に管理しているので、地域優先で町内会の盆踊りや、地元の活性化委員会が主催するマルシェ、商店会連合会が主催する事業にも貸し出しています。

現在も講座やイベント、市民活動支援など地域との連携事業を行っていますが、地域あっての「武蔵野プレイス」ですから、もっと一緒に行う事業を増やしていきたいですね。

（二〇一七年二月二三日　「武蔵野プレイス」にて）

武蔵野プレイスのオープンまでの経緯

時期	内容	
1973 年度	東京食糧事務所長に農水省食糧倉庫跡地払い下げの要望書を提出	
1982 年度	東京都知事に「東京都長期計画に対する要望書」を提出	
1990 年度	農水省食糧倉庫が解体され、更地になる	
1991 年度	市議会全員協議会開催。食糧庁に対して、市として跡地買受を要望	
1997 年度	市議会全員協議会開催。「市議会農水省跡地利用計画検討特別委員会」設置	
1998 年度	食糧庁に「武蔵境食糧倉庫跡地利用計画」を提出。跡地取得が完了	
1999 年度	「武蔵野市中心市街地活性化基本計画」を策定	
2000 年度	「新公共施設基本計画策定委員会」を設置	↑
2001 年度	「市第三期長期計画第二次調整計画」において、「武蔵境のまちづくりの推進」の一環として、「武蔵境の地区図書館をはじめとした、知・文化・自然・青少年をテーマとする文化施設の建設を進める」として施設を位置付け	恩田秀樹関与
2003 年度	武蔵境新公共施設設計プロポーザルを実施	↓
2004 年度	「農水省跡地利用施設建設基本計画策定委員会」を設置	
2005 年度	「市第四期基本構想・長期計画」において、「知的創造拠点として図書館機能を中心とした『新公共施設』を建設し、多世代にわたる利用と広域的な市民活動の場とする」として施設の整備を位置付け	
2006 年度	「武蔵野プレイス（仮称）専門家会議」を設置	↑
2007 年度	「武蔵野プレイス（仮称）管理運営基本方針」を策定	
2008 年度	「市第四期長期計画・調整計画」においてこの地域のまちづくりの核として施設を位置付け。施設名称を公募、「武蔵野市立ひと・まち・情報 創造館 武蔵野プレイス」と決定	
2009 年 1 月	建設工事着手	前田洋一関与
2009 年度	「ひと・まち・情報創造館 武蔵野プレイス管理運営指針」を策定	
2010 年度	「武蔵野市立武蔵野プレイス条例」制定	
2011 年 2 月	竣工	
2011 年度 7 月	オープン	

武蔵野市立 ひと・まち・情報 創造館
武蔵野プレイス2 敷地講入から設計プロポーザルまで

揺るぎないベースとなった武蔵野市職員による基本計画案

恩田秀樹／武蔵野市 都市整備部長（取材時）

聞き手 石榑督和・山道拓人・千葉元生

恩田秀樹 / Hideki ONDA

1958年東京都生まれ。1982年千葉大学工学部建築工学科卒業後、武蔵野市役所入庁。都市整備部長を経て2017年12月より武蔵野市副市長を務める。

「武蔵野市立　ひと・まち・情報　創造館　武蔵野プレイス」プロジェクトの発端は一九七三年。そこから設計プロポーザルに至るまでの長いストーリーを、当時武蔵野市　企画調整課　主査としてプロジェクトに関わっていた恩田秀樹氏に尋ねた。

土地取得と市議会特別委員会により利用計画策定

石榑　恩田さんには、「武蔵野プレイス」のプロジェクトの発端から設計プロポーザルまでの話をお聞きしたいと考えています。この敷地は当時、食糧倉庫の跡地として農水省（現：農林水産省）がもっていたとお聞きしました。

恩田　そうですね。公共需要が増していくなか、公共施設もさらに必要になると見込まれていましたので、ＪＲ武蔵境駅の南口にあるこの用地は、武蔵野市にとってはぜひ確保したい土地でした。

一九七三年に農水省に払い下げの要望書を提出し、その後も取得のためのやり取りを続けていました。途中、民間への払い下げという話

武蔵野プレイス 1998-2005

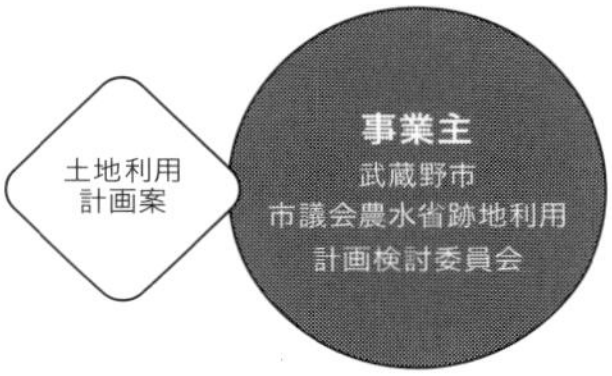

1998

土地利用計画案として生涯学習センター、図書館、青少年のための施設などを合わせた複合施設を提言し、土地を取得。

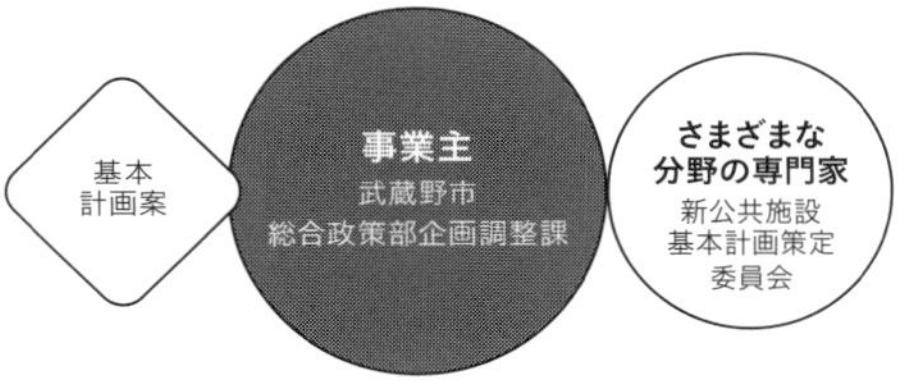

2003

「集う、学ぶ、創る、育む～知的創造拠点」をコンセプトとし基本計画案をまとめる。これをもとに建築家の選定プロポーザルを行う。

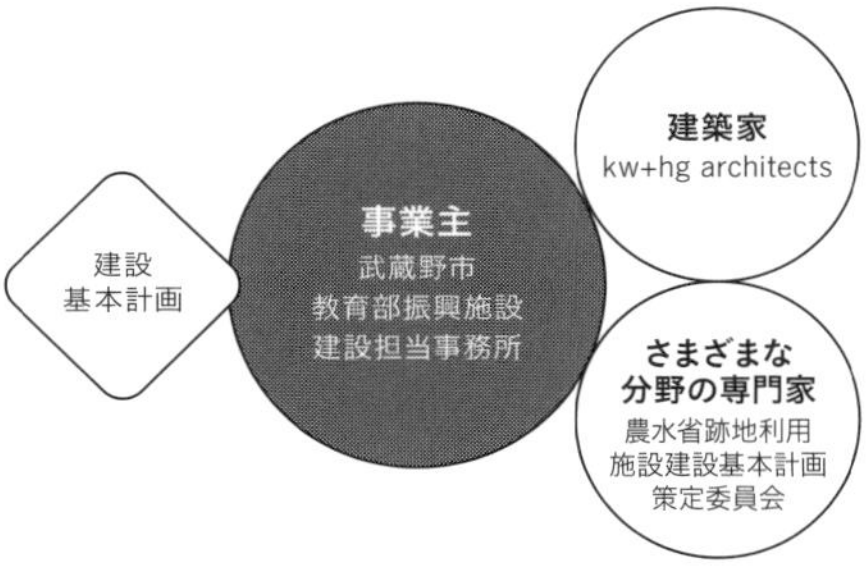

2005

「図書館機能」「会議・研究・発表」「創作・練習・鑑賞」「交流」という四つの機能からなる施設であることを建設基本計画で定めた。その後2004年にプロポーザルで選考されたkw+hg architectsを委員に加え基本設計を行う。

もあったのですが、公共用地はまず地元自治体に優先して譲っていくという方向性もあったので、なんとか交渉を続けていけました。

結局、市が取得できたのは一九九八年。取得できるまで二〇年余も掛かったのは、土地購入の財源を確保するのが難しかったからです。一九七三年当時で市の一般財源の一〇％を占めていましたし、土地価格が年々上昇していく時代でもありましたから。一九九一年にバブル経済が弾けて土地価格が下降し始め、このチャンスを逃すまじということで、働き掛けをより強くしていきました。

一方で、そのような大金を使うということで、議会からは、予算審議だけでなく、土地の利用内容も審議する必要があるとされました。農水省にも土地利用計画を提出する必要があったので、一九九七年度には「市議会農水省跡地利用計画検討特別委員会」が設置され、議会から利用計画を提案してもらうことになりました。そこでは生涯学習センター、図書館、青少年のための施設などを合わせた複合施設が提言されました。一九九八年度にこのような利用計画（「武蔵境食糧倉庫跡地利用計画」）を農水省に提出して認められ、市の予算案も通りました。この際に必要とされた土地購入の予算が五七億円でした。ただこの金額は大き過ぎるので、土地の半分を都市計画公園にして、国の補助金を獲得し、財源にあてるという考えに至りました。

災害時の避難所として駅前の大きな空間が必要なのと、残り半分の敷地に建つ公共施設との一体的な利用も念頭にありました。

都市計画公園の整備に対しては、用地取得に国庫補助金が一〇億円交付されました。

さらに当時施行されたばかりの中心市街地活性化法にもとづく包括補助金を活用するため、一九九九年度には武蔵境駅周辺のまちづくりについての基本計画（「武蔵野市中心街地活性化基本計画」）をまとめ、さらに国から二億円の補助金を入れることができ計12億円が確保されました。

石榑　どのように位置付けたら、中心市街地活性化法の定義にもとづく計画と認められるのでしょうか。

恩田　現在は国土交通大臣の認定を取らないとなりませんが、当時は事務方レベルの審査で計画が認められれば事業申請が可能でした。タウンマネージメント機関を組織し、官民一体でまちづくりをする方向であれば認められたようです。われわれは道路づくりや商店街の事業などを計画に盛り込み、今後一〇年間の施策を計画に位置付けました。

石榑　「武蔵野プレイス」は長期にわたるプロジェクトですが、資金的には、途中で途切れることはなかったのでしょうか?

恩田　二〇〇五年に土屋正忠市長から邑上守正市長に代わったとき、予算が議会で否決され凍結して、再予算を上程するためにプランを変更しなくてはいけないことがありました。

また、一九九七年には図書館建設に対する補助金がすでに廃止されており、財源の補てんが厳しい状況であったところ、新しい制度としてまちづくり交付金制度が創設されたので、助かりました。

地方分権により、補助金制度から交付金制度に変更されましたが、二〇〇九年に国政が自民党から民主党に代わり、「コンクリートから人へ」という公約が掲げられ、まちづくり交付金も地域活性化にかかるソフト事業については申請が採択されやすく、箱物の採択はハードルが高い状況になりました。しかし、「武蔵野プレイス」については粘り強い交渉により図書館機能を含め、施設の大部分を対象として交付金（現：社会資本整備総合交付金）はいただけました。その交付金の申請事務は当時施設の計画を進めていた所管とは違う都市整備部まちづくり推進課が交付金をもらうために武蔵境周辺の再整備計画をつくりました。

有識者委員会と武蔵野市職員による基本計画

石樽　土地利用方法を考える主体はどちらでしたか？

恩田　一九九八年度に完了した土地取得後のしばらくの期間では、総合政策部企画調整課が土地の利用計画を考えているかたちでした。

中心市街地活性化法にもとづく街づくりについては、都市整備セクションが中心となって進めていました。企画調整課は議会から提言があった土地利用計画も抱えている状態でしたので、連携を取りその計画を踏まえ広場の案を都市整備部が実現したかたちです。

土地取得後の二年ほどは暫定的な広場と駐輪場とで使用していましたが、徐々に用地を有効利用してほしいという市民の声が出始めました。

またこの土地の活用について二〇〇一年度に策定する長期計画（第三期長期計画 第二次調整計画：二〇〇一年度から二〇〇六年度）に反映しないといけないことから、より具体的なイメージを出す必要があり、二〇〇〇年度に「新公共施設基本計画策定委員会」（以降、策定委員会）が設置されることになったのです。

石榑 策定委員会はどこに設置されたのですか？

恩田 総合政策部企画調整課が所管し委員会の事務局となりました。私も当時そこに主査（係長）として所属していました。

しっかりとした報告を出さないと市民の合意が得られないということで、この策定委員会の委員の人選は大事だと、土屋市長からも達しが出ていました。そこで当時の上司である小森岳史課長が西尾勝先生（当時：国際基督教大学教授）を委員長として招聘しました。

西尾先生は地方自治のオーソリティでしたし、第一期の長期計画（一九七一～一九八〇年）の委員として、武蔵野市をフィールドワークとして研究なさっていた方。一九七三年に農水省に用地払い下げの要望書提出を促したのも、この長期計画だったのです。ですから、土屋市長ともども西尾先生にお願いするしかないだろうと、お声掛けしました。ただ、なかなかうんと言ってくださらなかったのですが、なんとか小森課長が口説いて担ぎ出したんですね。ですから、西尾先生に恥を掛かせるわけにはいかないと、事務局は基本計画策定に必死でした。策定委員会のほかの委員は、副委員長に清水忠男（当時：千葉大学工学部教授）を迎えたほか、計九人のおもに学識経験者を中心とするメンバーで構成しました。

石榑　無事に策定委員会が立ち上げられ、その後、基本計画づくりが始まったわけですね。

恩田　通常、われわれが策定する施設建設の基本計画は、図書館だとか学校、福祉施設など、利用方法の目処が決まっていることが多いのですよ。そのなかで施設の規模や機能、使い勝手、必要な設備、外観のイメージやランドスケープなどについて一定の方針を示す基本計画を策定するものなのですが、今回の場合、農水省に提出した利用計画案はあくまで土地を取得するためのものでしたから、本当の利用方法は、改めて考えなくてはいけませんでした。

それを決めようとしたのが、学識者を中心とした、この策定委員会でした。この委員会には、建築家はあえて入れませんでした。入れてしまうと、議論が建築に引っ張られてしまいますから。まず考え方をしっかりとまとめることを意識していました。

ですから、通常の基本計画は建築プログラムが載っているものなのですが、そのときに作成したものは、どちらかというと、基本構想に近いのかもしれませんね。

われわれ事務局である企画調整課の職員が基本計画案の叩き台を作成し、策定委員会に議論してもらい、まとめていくというかたちで進んでいきました。

まとめていく際は、まず議会の意見は無視できませんから、議会の「複合施設とする」という提言をベースに、イメージを膨らませていきました。その際にわれわれが考えていかなくてはいけないのは、社会背景や地域の要求を鑑みたうえで、既存の市民施設にないサービスを充実させることだと捉えていました。と同時に、財政負担の軽減化も重要な要素だと認識していました。また、当時の公共施設にありがちだった、時間の移ろいとともに陳腐化するサービス、たとえば固定式の展示機器や体験型機器などの設置については留意するものと捉えていました。

コンセプトの軸としては、①北側の都市計画公園との一体的な整備と、敷地の周囲の緑を活かすなど自然との調和を図ること。②駅前という立地を活かすこと。③複数の機能が集まるという利点を活かすこと。④利用者のニーズに寄り添うこと。⑤市民の主体性を重視し、活動の機会を提供すること、などでした。

また当時は阪神淡路大震災の影響でＮＰＯの活動が活発化してきた時期でしたが、彼らが活動に必要な打ち合わせやコピーをする場所が少なく、そのような場所を各自治体が徐々につくり出していたのを見て、そのような市民が活動できる場を大きな柱にすることにしました。

「場」の構想、そして「施設」の「イメージ」へ

石榑　当時は具体的な運営のイメージはあったのでしょうか？

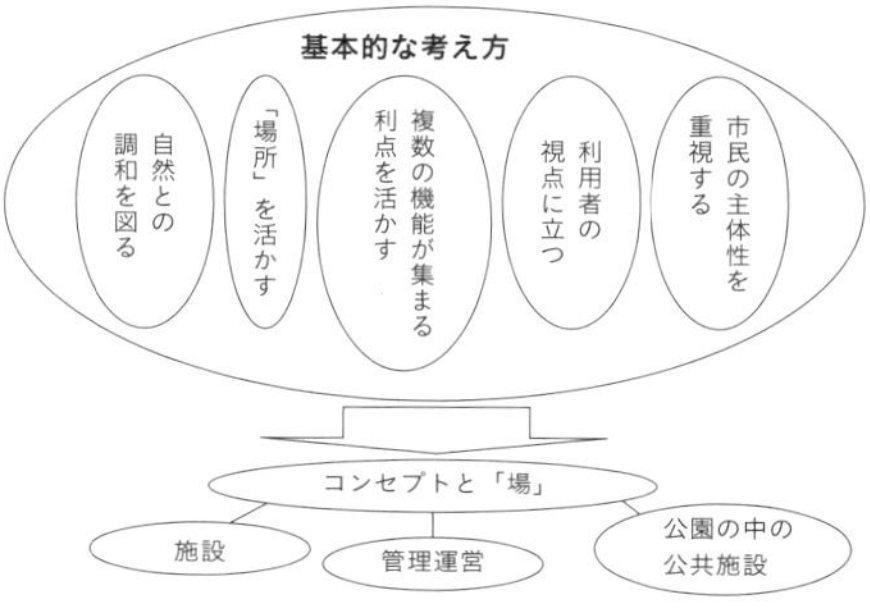

『新公共施設基本計画策定委員会報告書』(2003年2月)で示された計画の基本的な考え方

恩田　そのときは想像でしかなく、運営はもとより、具体的なイメージはまったくありませんでした。何とか具体的な方法を考えようと、当時、公共施設として先駆的な存在だった「せんだいメディアテーク」には三回ほど視察に行きました。仙台市長を務められた奥山恵美子氏が、開館当時は館長を担っていました。氏が施設の企画から計画まで携わりコンセプトブックも作成されていました。素晴らしい施設なのですが、ただ残念なことに、図書館と他施設の指定管理者が異なっているために、全体が一体として管理できていないという印象をもちました。これを運営上の反面教師にした部分もあります。

この施設のコンセプトは「集う、学ぶ、造る、育む～知的創造拠点」とし、日常的に知的好奇心を満たしつつ、文化活動を通して知的活力を養い、育むことができる場を提供すること、としました。ただ文章では理想を語れるけれど、それを空間に落とし込んでいくときに、どんな機能をもたせたらいいのか。それに悩み、いきなり「施設」として考えるのではなく、まずは「場」に置き替え、考え始めました。

そして、ＩＴが発達している状況下では必須だろうと情報リテラシーなどを育てる「知識・情報の場」、思想や考えを創造するための「創造の場」、歌や演劇など自分を表現するための「表現の場」、多様な活動を体験でき、次世代を担う青少年を育てるための「体験の場」、会議や講演のための「集いの場」の計五つを考えました。

石榑 公共施設としては抽象的な考え方ですよね。

恩田 なにせ白紙から考えていかなければならないので。機能を満たす〝場〟を考えたうえで、〝施設〟の〝イメージ〟をつくり出していきました。

その施設のイメージとは、まず図書館機能をもつこと。そして、①開放性に配慮し、人がふれあい交流できる空間を創出しながら、すべての機能が有機的に一体化すること。②時代の変化や多様なニーズに対応できるフレキシビリティを確保すること。③ゆとり空間を設けること。④ユニバーサルデザインに考慮すること。⑤緑に囲まれた良好な環境を整えること。⑥地球環境に配慮すること。というおもに六点の性格をもつこととしました。

先ほどの五つの「場」をもう少し具体的にして「施設構成」とし、それにはどのような「施設」をもつべきかを考えました(二一五頁表「施設の構成」参照：『新公共施設基本計画策定委員会報告書』より）。通常の基本構想づくりでは、「施設」ありきで始まりますので、このようなプロセスを踏まずに施設計画を進めてしまうものだと思います。

石榑　制度的にも、たとえば「図書館」などと言い切ったほうがわかりやすいので、まずそこから入ってしまうものですが、そうではないこの表現の仕方は非常に面白いですね。

恩田　この施設は図書館機能を中心とすることが、市議会の特別委員会による利用計画にも提示されてはいました。将来的な図書館の役割や、武蔵野市の既存図書館との連携などを考慮しながら、さらに読書や研究環境を充実させるにはどうするべきか、運営やサービスの方法と、具体的な施設の面積など、ソフトとハードを行ったり来たりしながら、議論を重ねました。

われわれはリクエストに応える貸し出しサービスについては少し否定的に捉えていました。やはり図書館という空間の中で、書物を自分で探して読んだり、くつろいでいただくのが図書館ではないかと。そこでカフェ併設や屋外での緑陰読書などのアイデアも出しました。

施設の構成

<table>
<tr><th>施設構成</th><th colspan="2">主な施設</th><th>用途例</th></tr>
<tr><td>「図書館機能」
をもつ施設</td><td colspan="2">開架書架
閲覧スペース
軽読書コーナー
レファレンスコーナー
情報ブラウジングコーナー</td><td>･図書資料（一般書、児童書、参考書、研究書、郷土資料、映像・音響資料など）の閲覧、貸し出し
・新聞、雑誌などの閲覧 ・参考調査、各種相談
・パソコン、メッセージボードなどによる情報検索、情報交換</td></tr>
<tr><td rowspan="3">「会議･研究･発表」
のための施設</td><td colspan="2">学習ブース</td><td>個人の学習・研究・調査活動（図書の閲覧機能を併せもつ）</td></tr>
<tr><td colspan="2">研究・学習室（小規模）</td><td>複数での学習、研究、調査、成果の発表（図書の閲覧機能を併せもつ）</td></tr>
<tr><td colspan="2">会議室（中・大規模）</td><td>会議、講座、イベント</td></tr>
<tr><td rowspan="4">「創作･練習･ 鑑賞」
のための施設</td><td rowspan="3">スタジオ</td><td>音楽</td><td>音楽練習、録音、ミキシング、編集、ワークショップ</td></tr>
<tr><td>演劇・ダンス</td><td>演劇・ダンス練習、ワークショップ</td></tr>
<tr><td>美術</td><td>絵画、木工、金工、手芸、
ワークショップ</td></tr>
<tr><td colspan="2">ギャラリースペース</td><td>絵画、写真、書画、彫刻の展示
（他施設の空間と共用）</td></tr>
<tr><td rowspan="4">「交流」のための施設</td><td colspan="2">ワークルーム</td><td>ボランティアグループ、NPO、生涯学習団体、各種市民活動団体による活動、会合、情報交換、交流（特定の団体に部屋貸しをするものではない）</td></tr>
<tr><td colspan="2">ラウンジ</td><td>休憩、待ち合せ、語らい、交流</td></tr>
<tr><td colspan="2">託児室</td><td>施設利用者のための乳幼児の一時預かり</td></tr>
<tr><td colspan="2">プレイスペース</td><td>遊び、卓球、軽運動など</td></tr>
</table>

当時は「蔦屋書店」などができる前で、池袋の「ジュンク堂書店」が本の販売コーナーにコーヒーショップを出し始めていた頃でした。今はもう当たり前になってしまいましたが、カフェコーナーをつくったり、椅子を置いたりして、とてもいい雰囲気で新鮮だったので何度も見学に行きました。ほかには六本木ヒルズで会員制の図書館をつくる計画を立てていたので、インターネットでどんなことをするのか調べたりもしました。

また、会議室を計画に盛り込んだのは、サラリーマンが夜に会議をするときに、駅に近いほうがいいだろうし、駅に近い立地の至便性をここで活かすべきではないかと考えたからです。

さらに当時は青少年の居場所問題が謳われていましたから、彼らの居場所をつくるためにもスタジオやギャラリーなどで芸術表現を磨いてもらいつつ、居場所としてもらえたらと考えていました。そして市民活動やワークショップで施設そのものを活性化してもらうイメージでした。

千葉　そのような機能は、どのような議論で具体化していくのでしょうか？

恩田　何度もレポートを出しては、ああでもないこうでもないと話し合いをしていました。市役所のなかでは異色の職場でしたね。これほどこだわって議論することは私もそれまでに経験していませんでした。

策定委員会は二カ月に一回開催されていましたが、それに向けての打ち合わせがたいへんでしたね。小森課長は議論せず一人で考えていても何も生まれないという考え方だったので。その甲斐があって西尾先生はわれわれの出す案を面白がって、応援してくださいました。

二〇〇一年度に提出された策定委員会の報告書をもとに市の基本計画（『新公共施設基本計画策定委員会報告書』二〇〇三年二月）に定め、その後具体的なプログラムを進めるにあたって、建築家の知恵が必要となるので、プロポーザルによる建築家の選考を行いました。二〇〇四年二月に、川原田康子氏が設計者に選ばれました。私はこのプロポーザルで設計者を選考し、契約を結んだ段階で異動になり、このプロジェクトから離れました。

事業を議論しながら進められる設計者の選定

石榑　プロポーザルの選考委員会の委員はどのように選ばれていったのでしょうか?

恩田　われわれだけでメンバーを選ぶのは難しかったので、劇場関連のコンサルティングを行う「シアターワークショップ」代表の伊東正示さんに協力してもらい、彼にアドバイスをいただき選考委員を選んでいきました。

選考委員の選定のほかにも、どういう選考基準がこのプロジェクトに携わる適正な建築家を選べるのか、またプロポーザルの進め方、とくに選考は何段階で行ったらいいかなど、いろんな視点で相談に乗ってもらいました。

石榑　なぜコンペでなくプロポーザルを選んだのでしょうか?

恩田　コンペにしてしまうと、そこで作品が決まってしまいますが、まだ議論をしないといけないことがたくさんあったので、議論ができる人を選びたかった。ですから考え方を知りたかったのです。

プロポーザルの後は、教育部に所管する担当部署が新設され、このプロジェクトを引き継いでいくことになりました。

石榑　企画調整課で関わられた方で、そこに移った方はいらっしゃいますか？

恩田　この時点ではいなかったと思いますが、「武蔵野プレイス」の完成後に施設を運営している事業団に派遣され、運営に携わった職員はいます。

石榑　管理についても策定委員会による基本計画案に盛り込まれていましたね。

恩田　施設のイメージをつくり上げていきながら、管理・運営に関しても基本的な考え方を示していく必要があるだろうと、一体的な管理のあり方や他施設との連携も考えていきましたね。

　私が異動して、このプロジェクトから離れてからですが、地方自治法が改正されて、公共施設の管理については、行政の直営管理にするのか、指定管理者でいくのかという二者択一の選択制度になりましたが、直営で管理するといろいろな部署が入って縦割りになってしまう

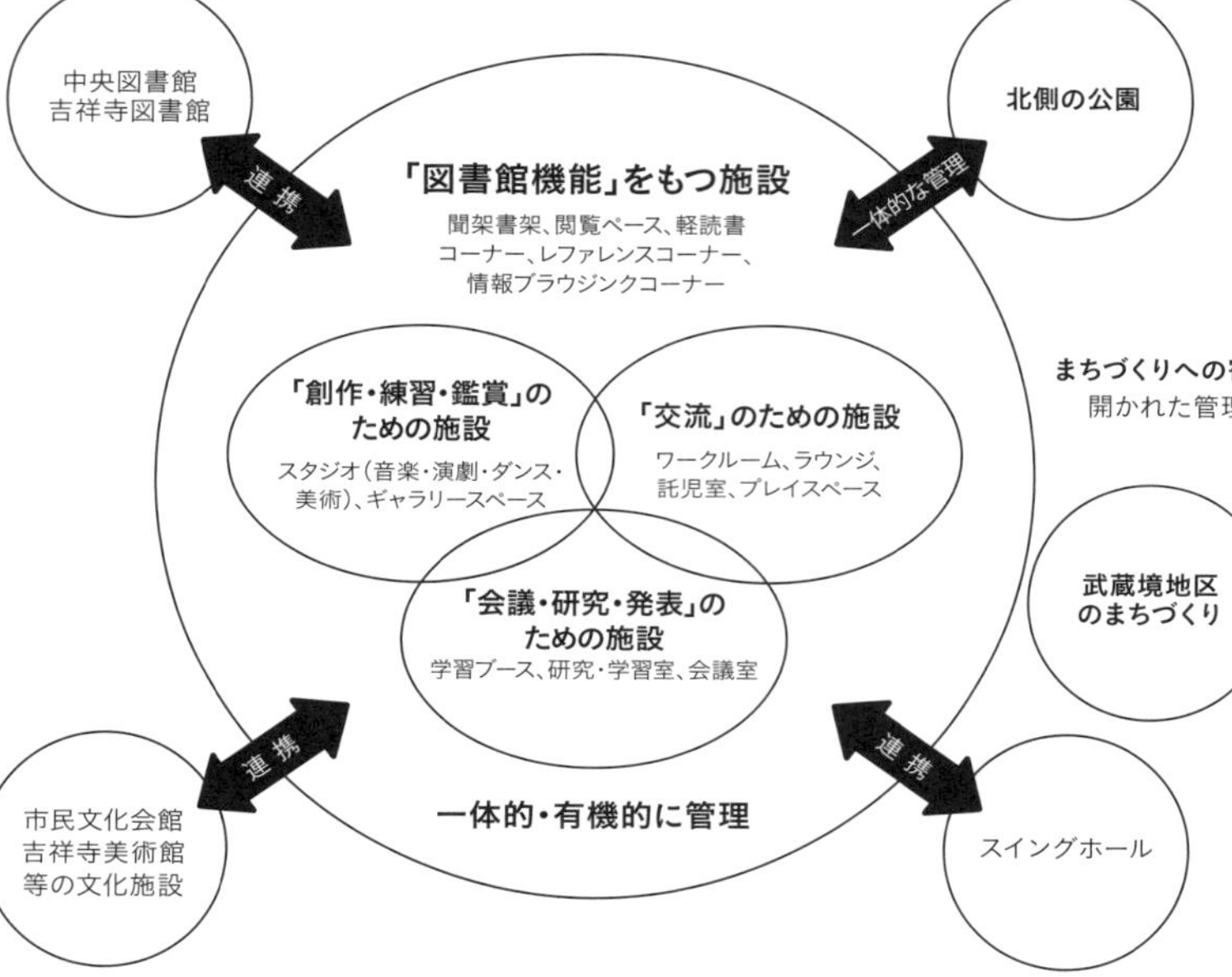

『新公共施設基本計画策定委員会報告書』（2003年2月）で示された「知的創造拠点」としての管理運営イメージ

のが明らかだろうと、検討している段階でも思っていました。
かといって民間の管理会社や事業者に指定管理者として委託しても、施設のコンセプトを維持していくことは難しいことだと思います。そこで武蔵野市がすごいのが、財団を立ち上げ、そこに一括管理するというかたちを取ったところですね。

千葉　こういう長期のプロジェクトは、当初の考え方からずれていってしまうことが多いと思いますが、それがずれずに連続しているというのは、この根本の考え方がしっかり詰められているからだと思います。担当する人が変わっていっても、引き継がれていくのには、何か秘訣があったのでしょうか?

恩田　それは難しい質問ですが、別にみんながこの策定委員会の報告書を読んで感動した訳ではないと思います。ただこのプロジェクトが公共施設に対して抱えていた思いを、法律や組織や運営上の壁を乗り越えて、チャレンジできる場だったんだと思います。

（二〇一七年二月二七日　武蔵野市役所にて）

武蔵野市立 ひと・まち・情報 創造館
武蔵野プレイス3 専門家会議の設置から開館まで

徹底して探った ミッションを達成するための 基本設計

前田洋一／公益財団法人 武蔵野生涯学習振興事業団 理事長

聞き手 石榑督和・山道拓人・千葉元生

前田洋一 / Youichi MAEDA

1956年東京都生まれ。1978年武蔵野市役所入庁後、市民部、総務部、企画部。教育委員会では新中央図書館建設に携わる。2006年企画政策室新公共施設開設準備担当課長、2008年教育委員会武蔵野プレイス開設準備室長、2011年(公財)武蔵野生涯学習振興事業団にて初代武蔵野プレイス館長就任後、2015年より事業団理事長を務める。

プロポーザルでいったんまとまった基本設計は、一度練り直されることとなった。その過程は、どのようなものだったのか。担当部署で中心となりその過程を担った前田洋一氏に、設計変更内容や指定管理者決定の背景を尋ねた。

専門家会議と武蔵野市の開設準備担当が設計者と基本設計をやり直す

石榑　前田さんが「武蔵野プレイス」に関わり始めたのは、ちょうど武蔵野市長が土屋正忠氏から邑上守正氏へ交代し、計画の見直しが行われた頃とお聞きしました。

もともと、この施設については「市議会農水省跡地利用計画検討特別委員会（後の鉄道対策・農水省跡地利用特別委員会）」「新公共施設基本計画策定委員会」「農水省跡地利用施設建設基本計画策定委員会」など、議会や市民・有識者からなる委員会で計画が練られてきました。

市では企画政策室企画調整課がこのプロジェクトを引き継ぎ、プロ

武蔵野プレイス 2006-2011

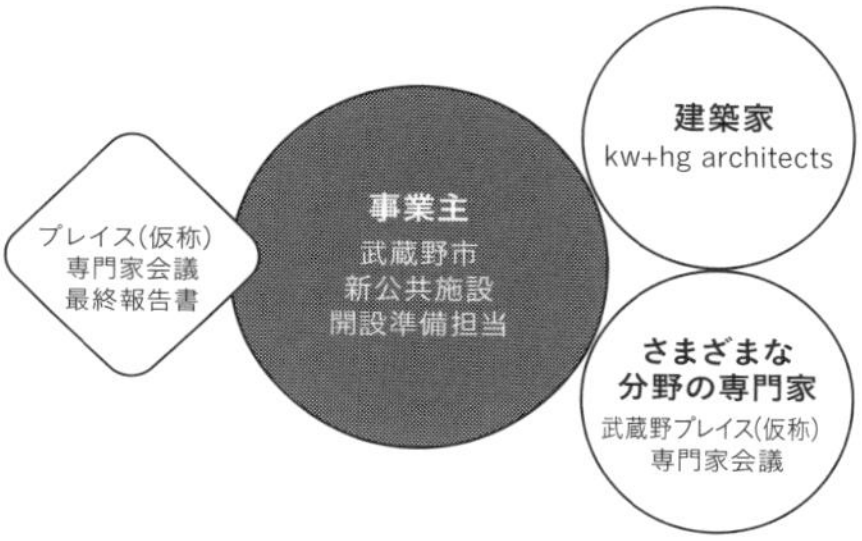

2006

基本設計案に対する市民からの意見を踏まえ、「武蔵野プレイス(仮称)専門家会議」が設置され、最終報告書が提出された。それにもとづき基本設計の修正を行った。

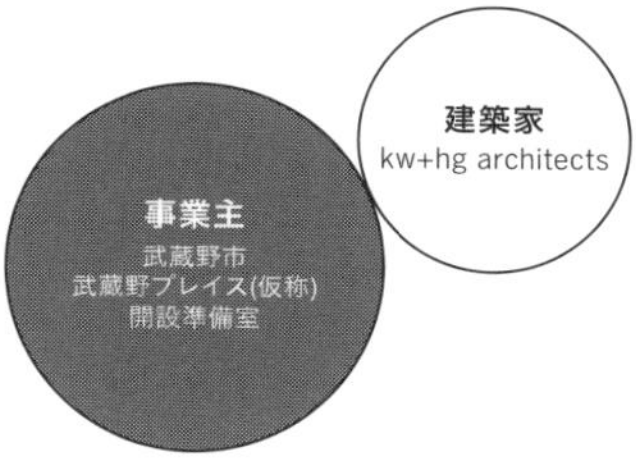

2008-10

基本設計の修正案をもとに実施設計が進められた。理想的な一体的管理を行うため、公益財団法人の立ち上げ準備を工事期間中に行い、建物完成前には指定管理者として指定した。

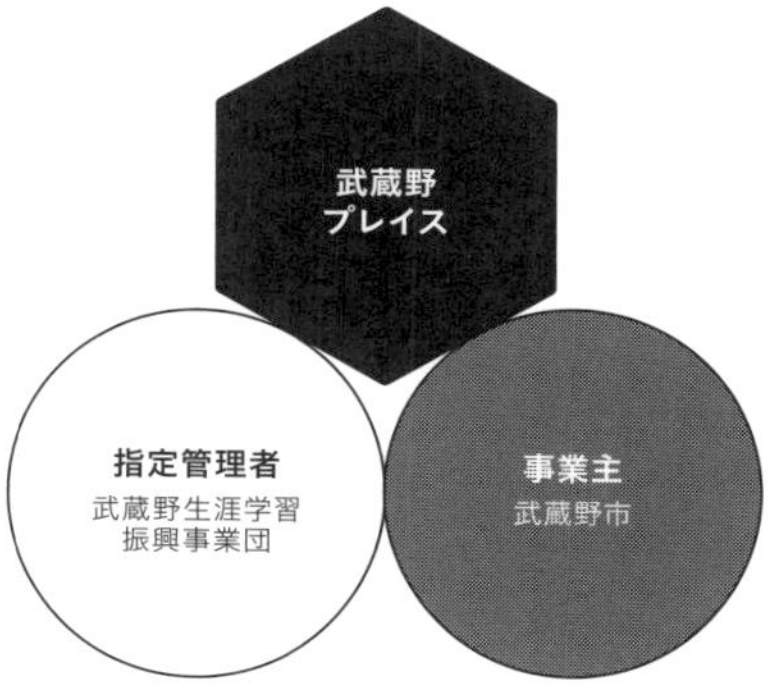

2011-

公益財団法人による指定管理で一体的な施設運営を行う。利用者が年々増加しており、2017年には来館者が195万人程度となった。

ポーザルで設計者が決まっていきました。

その後、企画調整課に新公共施設開設準備担当課長の職が置かれ、前田さんが担当課長として異動されたわけですね。

前田　そうですね、二〇〇六年四月に人事課から異動となり、前任の担当課長から引き継ぐかたちで企画調整課の新公共施設開設準備担当課長となりました。当時の担当者は私ともう一人、企画調整課ですでに担当していた一級建築士の課長補佐だけでした。

ちょうどその頃、二〇〇五年一〇月に選出された邑上新市長が「武蔵野プレイス」の規模の縮小を選挙公約の一つに打ち出し当選しました。当選時にはすでにプロポーザルで選ばれた川原田さんの設計による基本設計ができ上がっていましたが、当選後市長はそれを変更し縮小する案を議会に提案しました。議会はそれを認めず、結果的に二〇〇六年度一般会計の予算が議会で否決され暫定予算が組まれました。

四月に異動してまず行わなければならなかったのは、暫定予算を回避することでした。どうしようかと部下と頭を悩ませた結果、議会にも市長にも納得していただくために、「武蔵野プレイス（仮称）専門家会議」(以下「専門家会議」)を設置することにしました。
「専門家会議」では、いったん、基本設計に立ち戻って、「武蔵野プレイス」のミッションを達成するための機能面を重視することを基本に規模も含めて一から設計を検証し直すことにしました。
「武蔵野プレイス」の重要な機能である図書館、市民活動そして青少年問題などについて一流の専門家に集まっていただき、議会でも市長でもない第三者によるオープンで公正な議論を行うので、本予算を通してほしいという意図ですね。そこで、議会と市長の両方に「専門家会議」の議論の結果を尊重するという同意を得て、なんとか二カ月で正常な予算に戻ったんです。

石樽 新公共施設開設準備担当では、具体的にどのような作業を担ったのでしょうか?

前田 「専門家会議」開催中は会議の運営と設計者との調整です。専門家会議の結論が出た後は、設計者と新しい基本設計案づくりです。それにあたっては、川原田さんによるもとの基本設計の案から、外観を含め、デザインやプランもまったく変わりました。部下の課長補佐ともども、ここまで来たら徹底的にやってやろうじゃないかと。もちろん基本計画で定められた図書館、市民活動支援、青少年活動支援、生涯学習支援といった四つの重要な機能自体の変更はしていません。

われわれからしたら、建物というハードはわれわれのミッションやそれを達成するためのソフトを実現するためのもの。しかし、建築家は美しさで終わらせてしまう気がしてならない（笑）。でも彼らの建築家としての気持ちも理解できるので、この際、お互いに言いたいことを言い合おうと、徹底的に議論しました。議会からもたくさん意見をいただきました。

教育委員会の管轄で指定管理者とする事業団を準備する

石樽　企画調整課にあった開設準備担当は二年後の二〇〇八年に教育委員会に移管され「武蔵野プレイス（仮称）開設準備室」と名称が変更されました。

前田　そうですね。ここまで来ると教育委員会の所管が望ましいと、私もずっと言っていましたので、教育委員会に開設準備組織を設置することを進言し私も企画調整課からそちらに異動させてもらいました。

その頃は、職員は計三人で、生涯学習スポーツ課という課の事務スペースの一角を間借りしていました。二〇〇九年には市の職員も増員して、会議室を潰して新たにオフィスを構え、本格的に開館準備に入りました。

石樽 準備担当としては、企画調整課にあった新公共施設開設準備担当が前田さんともども教育委員会の武蔵野プレイス（仮称）開設準備室へと移行したわけですね。なぜ企画調整課から教育委員会へと管轄が移ったのでしょうか？

前田 それは、教育委員会が管轄する事業団（公益法人である市の財政援助出資団体）を指定管理者とするための布石でした。

本来なら、市の政策を引き継ぎながら新しいことをやっていくわけですから、直営という考え方もあるんですが、ただ、四つの機能（図書館、生涯学習支援、青少年活動支援、市民活動支援）を一体的に運営することが、付加価値のあるサービスにつながっていくというロジックで進めてきたので、そのための具体的な方法を編み出す必要がありました。

もちろん直営管理でも、形式上は不可能というわけではないのですが、すでに市では四つの機能それぞれに担当部署があるので、新しい「武蔵野プレイス課」をつくったところで、それはすでにある課と役割が重複してしまい、調整が難しいのではという懸念と、俗にいう行政組織の縦割りの弊害を取り除きたいとの思いがありました。

一体的に管理運営することで、市民のためにより良いサービス、たとえば本を借りるために来館しても、「あ、こんな市民活動をやってるんだ」というような新たな情報も得ることができるようになると考えていました。

石樽 市の財政援助出資団体たる事業団による一体的な管理運営については、農水省跡地利用施設建設基本計画策定委員会による基本計画にも盛り込まれていましたね。

前田 われわれは、さらに理想的な一体的管理をするために、専門家会議に議論をしてもらい、事業団による指定管理の方向性を確認して

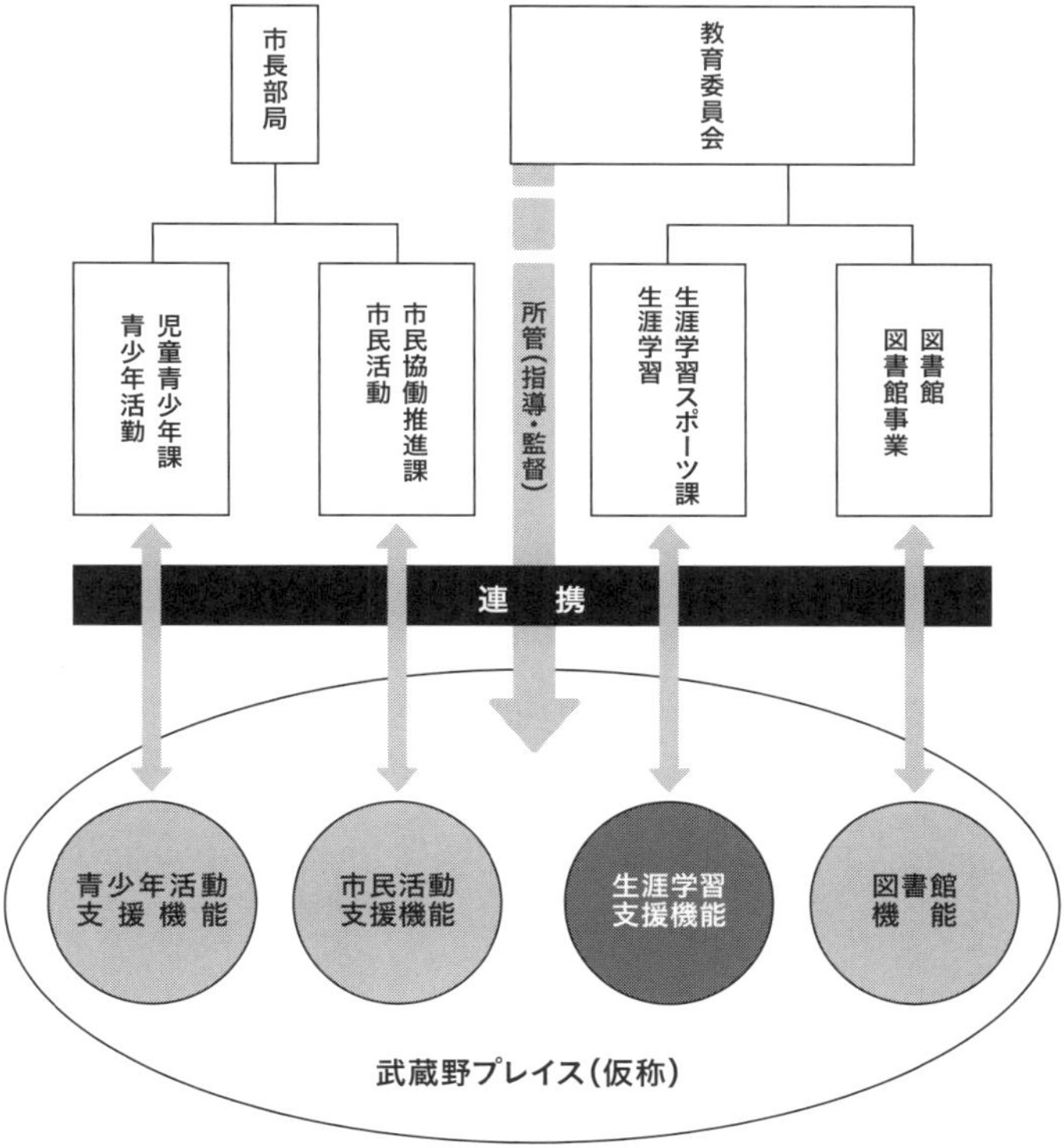

『武蔵野プレイス（仮称）管理運営基本方針』（2008年3月11日）で示された市および教育委員会と武蔵野プレイスの連携イメージ

いきました。

ちなみに民間企業に指定をしようにも図書館機能含む計四つの機能を展開できる民間会社は、当時は少なくともいなかった。そこで、事業団を活用しようということになったんです。どのジャンルの事業団にすればいいか考えたところ、生涯学習や市民活動、青少年活動には法律はなく、図書館だけ「地方教育行政の組織及び運営に関する法律」に、図書館は〝教育機関〟であり、教育委員会が〝所管〟する、との記載があります。そのことから教育委員会管轄の事業団にすることが合理的であろうとなりました。

そして、二〇一〇年には、指定管理を予定していた市の財政援助出資団体である財団法人武蔵野スポーツ振興事業団の法人名称と定款（当時は寄付行為）を改正し、財団法人武蔵野生涯学習振興事業団に改組することにより、図書館事業などもできるような受け皿をつくりました。その後、二〇一一年に新しい法律での公益法人として、現在の公益財団法人武蔵野生涯学習振興事業団となりました。

また二〇一〇年四月には、まだ建物ができる前にも関わらず、議会に諮り事業団を指定管理者に指定しました。当時は法務関係の部署からも早過ぎじゃないかという話も出ましたが、事業団として、たとえばあらかじめ職員を雇うなどの「武蔵野プレイス」の一連の開設準備行為ができるよう市に予算を組んでもらうためなどの法的な担保が必要だったのです。議会が関係予算を、まだ決まってないからと否決されても困るので。

石榑　話が前後しますが、新たなスタートを切った武蔵野生涯学習振興事業団の前身はスポーツ振興事業団でした。なぜこちらと一体化されたのでしょうか?

前田　もともと指定管理者制度ができる前から、公共施設の管理を公益法人等に委託できることが地方自治法に定められていて、武蔵野市ではすでに市長部局管轄の文化事業団や、教育委員会管轄のスポーツ振興事業団などがつくられており、音楽ホールや体育施設の管理を委託していました。

　市の財政援助出資団体の増加の抑制ということもありますが、スポーツ振興も広い意味で生涯学習の一環だから、「武蔵野プレイス」

が行う生涯学習関連事業との親和性があるという考え方に立って、最終的にスポーツ振興事業団を改組しました。

石榑　そのような議論は施設の設計を超える政策ですよね。具体的な議論の場はどちらだったんでしょうか？

前田　指定管理という大きな方向性は農水省跡地利用施設建設基本計画策定委員会でも議論されていましたし、合理的な理由もありましたので、それほどの混乱はありませんでした。もちろん、市長や教育委員会もその方向で一致していましたから、事務的に粛々と進めていきました。団体の改組は議会の議決は必要ありませんが、重要なことですので議会にもていねいに説明をすることで、理解を得られました。

日本初の複合公共施設一体管理の試み

千葉　完全な一体管理は当時としては初めての試みでしたね。

前田　僕らのなかでは合理的な方法だと認識していましたが、世の中にはありませんでしたね。宮城県仙台市の「せんだいメディアテーク」、愛知県岡崎市の「図書館交流プラザ・Libra（リブラ）」、長野県塩尻市の「市民交流センター えんぱーく」などたくさんの施設に見学に行きました。それぞれ先進的な素晴らしい取り組みをなさっており、とても参考になりましたが、部門の連携は実現していても、融合まで到達しているところはありませんでした。

今までにないものを実現しようとするわけですから、職員への指示も難しかったです。「武蔵野プレイス（仮称）開設準備室（二〇〇九年に武蔵野プレイス開設準備室へと名称変更）」に集まったメンバーにはまず、この施設のミッションを理解してもらい、自分がそのためにどのように関わることができるのか、何を発揮できるのかを考えてもらいました。

この運営方法は職員たちの「やってやろうじゃないか」というモチベーションの高さで編み出され実現したと今でも思っています。今思うと職員には本当にむちゃぶりをして、申し訳ない気持ちでいっぱいです。職員は本当によくやってくれました。余談ですが、今でも当時の職員とはたまに飲み会をして、当時の思い出を語り合ったりしています。

石榑　開設当初はどのような人事体制で臨んだんですか？

前田　「武蔵野プレイス」のような施設は、一から人を育てる必要が出てきます。ある程度の専門性も必要になってきます。開設当初は、市の施策の多くを市から引き継ぐ必要があったため、市から職員を派遣してもらいました。制度上、市の財政援助出資団体には、一時的に市の職員を派遣することもできるんですよ。ですから開設準備室立ち上げのときは人事に注文を付けて、原則的に事業団に派遣されることも暗黙の了解で、優秀な人材を掻き集めてもらいました。こんな優秀なメンバーを、全部もらっちゃっていいの？と思ったくらいです（笑）。おかげで、二〇一一年七月九日に「武蔵野市立　ひと・まち・情報　創造館　武蔵野プレイス」として無事オープンに漕ぎ着けました。私は初代館長として、二年ほど務めさせていただきました。現在では、そこから徐々に市の職員を引き上げ、事業団のプロパー職員化を図っています。なぜかというと、市の職員だと異動が必須ですから、業務を継承することがなかなか難しいんです。事業団であれば、必要な人材を改めて採用することができるし、不定期の休みも理解のうえだから、問題ない。異動も事業団のなかでのみのことですので、しっかり引き継がれます。

目的的利用から状況的利用へ

山道　新公共施設基本計画策定委員会でつくられた基本計画の断面状のダイアグラムが、一体的な運営を行う施設像を明快に表していましたし、完成した姿も吹き抜けが連続しているような建物のあり方と運営体制が非常にリンクしているように思いました。

前田　具体的な運営体制については専門家会議のあたりから、われわれも問題意識をもち始め、実際の運営を想定しながらプランを考えていきました。とにかくミッションありきで、それを達成するために、ソフトでもハードでもぶれずに徹底してやってきました。

たとえば、ほかのフロアの活動を垣間見れるようにと吹き抜けをつくりました。この分の床面積についても、機能やミッション、意匠の三つの問題の兼ね合いを議論しながら探っていき、落とし所を探しあてました。図書館としての蔵書数は一つの柱ですから、この規模であれば、本来は二〇万冊ほどもちたいところですが、「武蔵野プレイス」は一三万五千冊からスタートして現在一八万冊ほどもっています。バランスを考えると、蔵書数としてはそれが限界です。

山道　具体的にはどのような考えのもとでプランを考えていかれたのでしょうか？

前田　専門家会議で青少年の〝居場所〟としてのあり方について議論した際の言葉ですが、「目的的利用から状況的利用」を目指そうという方針を立てました。あらかじめ明確な目的をもって施設を訪れることが目的的利用、その状況に応じて施設を訪れたりふらっと立ち寄ることが状況的利用ということです。また、今までの図書館のあり方にも疑問をもってみようと。たとえば図書館というものは静寂であるべきだとみんな考えていたけれど、利用者はそれを望んでいるんだろうか？　ということもその一つです。社会も変貌を遂げているのだから図書館も変貌を遂げてしかるべきという考え方です。もちろん、静寂な図書館のあり様を全否定しているわけではありませんが、建築計画の一つの重要な柱として取り組んだのが、比較的長い時間滞在したくなる滞在型図書館であり〝にぎやかな図書館〟です。〝にぎやかな図書館〟というのは親子や家族、とくに子育て中のファミリーがゆっくり読み聞かせをしたり、まわりを気にせず楽しく過ごせる場所を提供することでコミュニケーションを深めてもらえるような図書館フロアのことです。

状況的利用を象徴するもっとも重要なフロアの一つが「武蔵野プレイス」の地下二階です。青少年の居場所や創作活動の場、アートと青少年向け図書のコーナーがあります、この図書コーナーでは約2万冊の図書を配置しています。

青少年というのは、通常の公共施設ではなかなか居場所がないのですね。ぺちゃくちゃ喋るとうるさいと言われて行きづらくなってしまい、ショッピングセンターのフードコートやコンビニの前にたむろするようになってしまいがちです。そうでなくて、「今日は時間があるから、ちょっと『武蔵野プレイス』に寄ってみないか?」という利用をしてもらいたいと考えました。

そこで地下二階の青少年専用スペースは飲食もおしゃべりもＯＫというルールにして、座るためのツールも、畳状のもの、ソファ状のもの、勉強用のものといろいろなものを用意しました。ここはとても居心地がいいみたいで、たまにうるさいなかで試験勉強している子に「三階が空いているぞ、あそこは静かでいいぞ」という話をすると、「僕はここでいいです。食べながら友達を教え合ったほうがよっぽどいい」と言われるんですよ。

青少年の居場所の隣に青少年向けとアートの本を置いたのは、その二種類は手に取りやすい本なので、あまり読書に馴染んでいない子どもたちも手に取り、それがきっかけで別フロアの本を読み始めてくれることを期待したからです。

本を手に取った子どもがふとほかのフロアの本も見に行きたくなった場合、その機を逃さないよう最短距離で辿り着かせるために、地下二階から地下一階（一般の図書フロア）には、螺旋階段を設置しました。またそこに螺旋階段がないと、図書フロアを大人が通常階段やエレベーターで行き来するたびに、子ども用のスペースの脇を通ることになります。せっかくの子ども用スペースを用のない大人がジロジロ見ていくことは避けたかったので、そのようなプランを選択しました。

青少年用スペースには、たとえ子どもがいない時間帯でも、大人は断固として入れないんですよ。開館当初は、「子どもが来たらどくから入れてくれ」という大人の利用者もけっこういました。ただ、彼らが本当にどくかはわからないし、子どもに対して「うるさい」と言ってしまう可能性だってありますから。ここは子どものためのサービスの場だということが伝われば、子どもたちは安心して来てくれるようになるんです。ですから、ルールは何が何でも曲げない、ということが重要なんですよ。

この青少年のためのスペースをつくるにあたっては、いろいろな施設に見学に行きました。一番印象的だったのは、杉並区の児童館「ゆう杉並」の担当者に「子どもたちにどんなスタンスで望むのか」と聞いたときの返答で、〝寄り添う〟という一言です。子どもたちにうざったがれながらも近くにいるということが、一番難しいんです。行き過

地下2階「ティーンズスタジオ」にある「アート＆ティーンズライブラリー」。中央の螺旋階段を上ると「メインライブラリー」に至る

ぎちゃうと嫌がられるし、遠くからだと彼らのことがわからないですから。そのときに必要なのが、〝寄り添う〟というスタンスなのです。

職員と青少年との関係性でいえば、たとえば地下二階のカウンターに、小学生が「宿題を教えてください」と来たときに、カウンター担当者が忙しくて教えて上げられない場合、近くにいる知り合いの高校生に「ちょっと、悪いんだけど、教えて上げてくれない？」と頼んだりするんです。すると、高校生は教えて上げてくれる。高校生は「小学生ってこうやって教えて上げるといいのか」、小学生は「高校生のお兄さんてすごいんだな」と思い始め、そこで小さな関係性が生まれるんです。職員と青少年との関係性も重要です。小さな関係性が生まれることで、課題がある子が来ても、小さな問題であれば解決できる場合もあるんですね。だから展開としてはなかなか面白いことが起こっています。

にぎやかな図書館

前田　〝にぎやかな図書館〟を象徴するのが二階の「コミュニケーションライブラリー」という親子がともに楽しめるよう、児童書と生活関連図書を配置しているフロアです。とくに生活関連図書の配置については、乳幼児を連れた利用者が、しかめ面をしないで気楽に本を手に取れるよう一般書のなかから日常生活に関連した図書（趣味、暮らしのマナー、冠婚葬祭等）を抜き出し、書架の表記自体をたとえば「生活の知恵」のように従来の図書分類法（ＮＤＣ）の表記にとらわれることなく書架の側面を見ただけでその書架構成がわかるように工夫しています。いわゆるまちの本屋さんの表記の仕方ですね。とにかく、このフロアは一緒に来館した親子がどちらも楽しめるようにと気を配りました。また、一階にはカフェがありますから、吹き抜けを通してさまざまな音が入ってきます。親御さんに聞いてみたら、こちらのほうが良いとおっしゃってくださった。というのは、ちょっと目を離している隙に同じフロアで読書している方の近くで子どもが騒ぐと、怒られ

2階「コミュニケーションライブラリー」にある「テーマライブラリー」。日常生活に役立つ図書約2万5千冊が並ぶ

ないまでも、お母さんたちは小さくなって、「本を借りてお家で読みましょう」となってしまう。けれども、自分たちと関係のないところから音が発生していると、今まで知らず知らず入っていた肩の力が抜けて、ホッとして長い時間滞在できるようになった、とのことだそうです。

もう一つ、雑誌を置いた一階はおしゃべりしても構わない、やはりにぎやかなスペースです。帰りにちょっと寄ってみようかなと思われるような公共施設となるために、雑誌は重要なツールになると考えたので、六〇〇冊入れました。最初は、千冊入れようと思ったんですが、さすがに職員からは管理できませんと言われて。当時の三多摩での所有数トップの図書館でも五五〇冊程度でしたから、そこは抜こうと決めて、辛うじて抜いたんですよ(笑)。

図書館の中のカフェ

千葉　一階フロアの中央にカフェがありますが、カフェには図書持ち込みができると伺いました。これについて反対意見はなかったので

地下2階「ティーンズスタジオ」
にある「スタジオラウンジ」

しょうか?

前田 それについては、否定的な議論もありました。なぜわざわざ、市の財産である図書を汚しそうな場所に持ち込ませるのか、そんなリスキーなことをする必要はないんじゃないかと。その通りかもしれません。ただ図書館には図書を汚破損した場合には同じものを買ってもらうか、もしくは絶版等で流通していない場合には図書館が指定する同額程度の本を買ってもらうというルールがあるのです。単純にそのルールを適用すればいいいし、それよりも、いろいろな人たちにその人なりのいろいろな過ごし方ができる〝プレイス(場)〟を提供するほうが大事だと考えたのです。たとえば、ビジネスパーソンが帰宅途中に雑誌を読みながら、コーヒーを飲んでクールダウンできる場にしたいと思っていました。

千葉 カフェ運営業者は、どのように決めたのでしょうか?

前田 プロポーザルです。彼らに注文を付けたのは、一つには美味しい、質のいいものを提供してほしいということ。それで儲かるような商売をしてほしいと伝えていました。たとえば、コーヒーを一杯

1階「パークラウンジ」にある
「マガジンラウンジ」とカフェ

一八〇円で提供してしまえば、最初こそ客が入るかもしれないけれど、クオリティが担保されなければ、徐々に入らなくなって撤退されかねないのが業界をリサーチしてわかってましたから。

二つ目は「武蔵野プレイス」の五つ目の機能になってほしいということ。そのためには「武蔵野プレイス」のミッションを理解して、いずれ貢献できるイベントなどを考えてほしいと伝えました。現在は、「武蔵野トーキングアバウト」という、好きな本を一冊持ってきて紹介してもらうイベントを始めとしてさまざまなチャレンジを行ってくださってます。見知らぬ人たちが集まって、一つのコミュニティが形成されるという、「武蔵野プレイス」のミッションにとても貢献してくれていますね。

三つ目はアルコールを提供できる能力をもっていてほしいということ。その時点では、まだ、アルコールの提供については決断していませんでしたが、先ほどの帰宅途中のビジネスパーソンの場所にもしたいという話の延長で、コーヒーのほかにワインやビールも飲めたら、さらにいいですよね。もちろん、図書館にアルコールというのは、常識で考えたらご法度です。「カフェでワインを飲んだ客が暴れたら、責任を取れるのか？」と言われましたよ。でも、お酒の事件は今まで一件もありませんね。図書の汚破損についても、多少はありますが、盗難や自宅に持ち帰っての汚破損のほうがはるかに多いくらいです。やはり利用者もきちんと注意してくれています。カフェへの図書の持ち込みもアルコールもそのこと自体は目的ではなく、利用者に多様な過ごし方をしてほしいと思いから出発した〝手段〟です。

賃貸契約（厳密には委託契約）としては、定額部分に加え、一定の売り上げを超えたら、超えた分の一定の割り合いを支払っていただくことにしました。今まで、すべて定額の売り上げを超えてくれてますよ。ありがたいことです。

山道　ちなみにほかのフロアの構成はどうなっているのですか？

前田　地下一階は地下二階の青少年向けやアート系の図書、一階の雑誌そして二階の児童書と生活関連図書を除いた残りの一般書を配置しているフロアです。このフロアは従来の図書館のように静寂な空間を確保しています。

三階は市民活動エリアと勉強のためのスタディコーナーです。なぜ、市民活動エリアと同一フロアにスタディコーナーを設置したかというと、勉強目的に来る市民活動と関係のない方が、そのパンフレットやその活動が垣間見えることで、何かに気づいて興味をもってもらえたらと、そのような構成にしました。

四階には「ワーキングデスク」という有料のデスクコーナーを設置しました。書斎のようなイメージで、ビジネスワーカーが帰宅前に仕事の続きをしたり、ゆっくり調べ物などができる場所です。もちろん、ビジネスワーカー以外が利用しても構いません。デスクを仕切る衝立を立て、電源や個別のデスクライト、ハイバックの椅子も用意しました。それなりのしつらえとしてほかの階のデスクスペースと差別化する代わりに、四時間あたり四〇〇円ほどの使用料をいただきます。その議論を立ち上げたときには、公共施設でデスクを有料で貸し出すというシステムはまだどこにもなかったので、内部でもさまざまな議論が起こり、否定的な意見も出ました。

われわれは忙しくて図書館などの公共施設になかなか足を運べない

3階「ワークラウンジ」。右手に市民活動団体に関する情報や団体の紹介ファイルが並ぶ「情報ラウンジ」、左手に市民活動に必要な情報提供や相談などを行う「市民活動カウンター」

ビジネスワーカーたちにもサービスを提供するべきではないかという問題提起をしたわけです。公共施設をあまり利用しない彼らは、公共施設に対する要望やクレームを行政側には言ってこないので、われわれ行政側の視点からは外れてしまいがちになる。そのような本来欠け落ちてはならない人たちへのサービスも柱に加えるべきだと考えたのです。彼らが一生懸命に働いてくれるから税収も上がってくるわけですからね。ただし、少しだけクオリティの高いサービスを提供するので、使用料はいただきたいと。

市民の声に対応することで何度も足を運んでもらえる施設を目指す

千葉　具体的な利用者の使い方のイメージとストーリーをたくさん考えられて、かたちにしていったのですね。その他運営上で「武蔵野プレイス」らしい点はありますか？

前田　面白いのは、「利用者の声」への対応ですね。意見を用紙に記

4階「ワークテラス」にある「ワーキングデスク」。40席の有料貸し出し施設

載して箱に入れていただく、よくあるものですが、通常はそれが反映されたのかされなかったのか、わからないですよね。僕はそれを一階フロアの一番目立つところに全部掲示して、担当者から返答を書かせることにしました。

たとえば「うるさくてしょうがないので、一階のカフェを潰してほしい」といった類の声も開館当初はたくさんありましたよ。その場合は、「武蔵野プレイス」の設立目的と、それに貢献するためにカフェは必要であって、申し訳ないですが理解してほしい旨をていねいに書きます。それでも、また「ふざけるな。利用者の声を聞かなかったら、(民間の)普通の施設なら三日も経てば潰れているぞ」という声が出る。それにもきちんと対応する。そんなやり取りを続けていると、なぜかそのやり取りを楽しみに見に来る人がたくさん出てくるんですよ。「ブレなくていい。それが『武蔵野プレイス』なんだろう。惑わされるな」という応援メッセージが箱に入れられたりもします。その応援メッセージ一つで折れ掛けていた職員の心が癒されるんです(笑)。

とくにお断りするもの、できないものはよりていねいに理由を付して、また対応できることは対応し、結果をきちんと示すことが大事だと考えています。その張り出す回答は、担当が原稿を書くのですが、始まった当初は、主任、係長、課長と全員がチェックしていくうちに、最後には真っ赤になってしまった程で、それだけ回答には気を使っていました。私のところに回ってきたときにはどの回答が最終なのか判別が付かないくらいでした(笑)。

山道　今後の目標を教えていただけますか?

前田　今までの六年間は試行錯誤の六年間。トライアンドエラーを繰り返し、認知度を高めてきました。お陰様で開館時に設定した年間目標入館者数の八〇万人は、当初から予定をはるかに超え、年に一〇万人ずつ、二〇一五年度は二〇万人も増え、二〇一六年度は年間一九五万人に到達しました。

ただ、必ずしも人数が多かったらいいというわけではなく、どう使われていくかが大事。むしろ今後の五年間のほうが大切で、ミッションの上に立った使われ方をしていただいているかを検証し、運用方法を確立していく必要があると思っています。

公共施設は市民の役に立たなければならないものです。たとえば市役所は敷居が高くても、「武蔵野プレイス」は「あそこに行けば何でも聞けるから、ちょっと行ってみよう」という施設にしていきたい。

利用者に聞かれたことのすべてに満足のいく返答ができないかもしれないけれど、汗をかきながら、一生懸命頑張って調べていれば、満足していただけないにしても納得はしていただける、そしてまた来てみよう、となる。そうやって繰り返し来ていただけるうちに、結果的に、市民の役に立っていくことができる。それが公共施設の究極の役割だと思うから、いろんな人たちがいろんな立場でいろんなことを聞きに、また行うために訪れる公共施設になっていってほしいなと思っていますし、そのためにはわれわれ運営側もさらにブラッシュアップしていく必要があると思います。

（二〇一七年三月一四日　武蔵野総合体育館にて）

あとがき

この本の企画が始まったのは、今から約二年前、二〇一六年に遡る。編集委員が定期的に集い、本のテーマから取材先選定までを議論していくプロセスは、さながら学生時代のゼミのようだった。そのなかで「パブリック・プロデュース」という切り口と言葉が輪郭をもち始めたとき、これこそ今の時代のさまざまな場面で求められていることだと、われわれは確信することができた。

もし「パブリック」という言葉にキャラクターを与えるならば、どんな人になるだろうか？「みんなのため」を合言葉に規律の番人のように振る舞う人か。市民意識をもちつつも自分らしく自由に振る舞う人か。はたまた、もっとほかのキャラクターも想像できるだろう。言葉を聞いて想起してしまうものこそが、時代と個人によって色付けられた「パブリック」という概念なのだと思う。

この本で紹介した七つの事例では、それぞれに異なる色をもったパブリックが生まれている。一つ一つの振り返りは座談会や各章に譲るとして、それらに共通するものがあるとすれば、「与える・与えられるもの」としてではなく、「ともに獲得するもの」としてパブリックが現れていることなのではないだろうか。もはやパブリックとは、行政が一方通行でつくり与えるものではなく、共同体を構成する多様な主体が、それぞれの居場所を獲得していく活動そのものだ。そしてこの活動を生み出すことが「パブリック・プロデュース」なのである。

本書に出てくる事例たちをキャラクターにしてみるならば、「で、キミはどう遊ぶ?」と手招きされている気がしてならない。そのくらい間口は広く、こちらの参加を許容している。パブリックを市民一人一人からつくっていく時代が今ここにあるのだ。

最後になりますが、ともに議論を進めてきた西田司氏、石榑督和氏、山道拓人氏、千葉元生氏、編集者として全体の企画・進行をしていただいたユウブックスの矢野優美子氏には、この場を借りて感謝申し上げます。

そしてお忙しいところ快く取材に対応していただいた各事例の取材先の皆様には感謝の念にたえません。本当にありがとうございました。

２０１８年６月

中村真広

【編著者略歴】

西田 司 / Osamu NISHIDA
1976 年神奈川県生まれ。1999 年横浜国立大学卒業後、スピードスタジオ設立。2002〜07 年東京都立大学大学院助手を務め、2004 年株式会社オンデザインパートナーズ設立。

中村真広 / Masahiro NAKAMURA
1984 年千葉県生まれ。2009 年東京工業大学大学院建築学専攻修了後、不動産デベロッパー、ミュージアムデザイン事務所、環境系 NPO を経て、2011 年株式会社ツクルバを共同創業。

石榑督和 / Masakazu ISHIGURE
1986 年岐阜県生まれ。2014 年明治大学大学院理工学研究科建築学専攻博士後期課程修了。博士（工学）。2015〜17 年明治大学助教。2016 年ツバメアーキテクツ参画。2017 年から東京理科大学助教。

山道拓人 / Takuto SANDO
1986 年東京都生まれ。2011 年東京工業大学大学院理工学研究科建築学専攻修了後、2012 年 Alejandro Aravena Architects/ELEMENTAL(チリ)、2012〜13 年株式会社ツクルバ勤務を経て、2013 年株式会社ツバメアーキテクツ共同設立。2018 年同大学大学院理工学研究科建築学専攻博士課程単位取得満期退学。江戸東京研究センター客員研究員。

千葉元生 / Motoo CHIBA
1986 年千葉県生まれ。2009 年東京工業大学工学部建築学科卒業後、2009〜10 年スイス連邦工科大学留学。2012 年東京工業大学大学院 理工学研究科建築学専攻修了後、慶応義塾大学システムデザイン工学科テクニカルアシスタントを経て、2013 年株式会社ツバメアーキテクツ共同設立 。

【撮影・提供】
NPO birth：p.163（2点）
NPO フュージョン長池：p.165（2点）
kw+hg architects：pp.185〜187
五井建築研究所：pp.60-61,p.66
山道拓人：p.181,p.201,p.223
JR 中央ラインモール：p.112
松陰会館：p.96
nostos books：p.104
浜田昌樹 / 川澄・小林研二写真事務所：p.26,pp.128-129,p.141,p.145,p.146,p.149
横浜 DeNA ベイスターズ：p.19,pp.68-69,p.74,p.77,p.78,p.81,p.85
ランドスケープ・プラス：pp.134〜136,p.140
ユウブックス：p.7,pp.14-15,pp.16〜18,p.20,pp.22〜25,p.27,p.28,pp.36-37,pp.39〜41,p.47,p.49,p.51,p.53（2点）,p.54,pp.57〜59,p.62,p.64,pp.71〜73,p.80,pp.88-89,p.91,p.93,p.95,pp.97〜99,p.102,pp.106-107,pp.109〜111,p.113（2点）,pp.115〜119,p.121,pp.131〜133,p.144,p.154-155,p.157,p.158,p.168,p.170,p.178-179,p.184（3点）,p.188（2点）,p.189,p.193,p.194（2点）,p.203,p.225,p.241,pp.243〜245,p.248,p.249

【出典】
『新公共施設基本計画策定委員会報告書』（武蔵野市、2003年2月）：p.211,p.215,p.220
「ひと・まち・情報 創造館 武蔵野プレイス」ホームページ（ http://www.musashino.or.jp ）：p.183,p.199
『武蔵野プレイス (仮称) 管理運営基本方針』（武蔵野市企画調整課、2008年3月）：p.231

PUBLIC PRODUCE
「公共的空間」をつくる7つの事例

2018年8月15日　初版第1刷発行

編著者　西田 司・中村 真広・石榑 督和
山道 拓人・千葉 元生

発行者　矢野 優美子

発行所　ユウブックス
〒157-0072 東京都世田谷区祖師谷 2-5-23
TEL：03-6277-9969 ／ FAX：03-6277-9979
info@yuubooks.net　http://yuubooks.net
ブックデザイン　岸 さゆみ

印刷・製本　モリモト印刷株式会社

ISBN 978-4-908837-05-0 C0052